Inhalt der Welpenkarten

Infokarten

Lernkarten

Erlebniskarten

Aktivkarten

Für Henri und Carsten.

Celina del Amo (Autorin) und Dieter Kothe (Fotograf) danken allen Welpenbesitzern sehr herzlich, die ihre Welpen, ihre Zeit und jede Menge Leckerlis für Fotoaufnahmen zur Verfügung gestellt haben.

Fotos Innenteil: Infokarte 10: Regina Kuhn; alle anderen: Dieter Kothe
Titelbild: Juniors Bildarchiv/L. Lenz, Ruhpolding
Zeichnungen: Infokarte 17: Anna Laukner, alle anderen: Oliver Eger, (www.oliver-eger.de)

Bibliografische Information der Deutschen Bibliothek
Die Deutsche Bibliothek verzeichnet diese Publikation in der Deutschen Nationalbibliografie; detaillierte bibliografische Daten sind im Internet über http://dnb.ddb.de abrufbar.

Wollgrasweg 41, 70599 Stuttgart (Hohenheim)
E-Mail: info@ulmer.de
Internet: www.ulmer.de
Umschlaggestaltung: Atelier Reichert, Stuttgart
Lektorat: Dr. Nadja Kneissler, Heike Schmidt-Röger
Herstellung: Ulla Stammel, Gabriele Wieczorek
Reproduktion: BRK, Stuttgart
Druck und Bindung: Schleunungdruck, Marktheidenfeld
Printed in Germany

ISBN 978-3-8001-7658-8

Trainingskarten für Welpen

Celina del Amo

Welpenerziehung leicht gemacht!

Mit den **Karten im Baukastensystem** ist es ganz einfach: Sie trainieren die Übungen ortsunabhängig in kleinen Schritten, so dass Ihr Welpe schon bald die wichtigsten Befehle kennt und gerne befolgt. Außerdem lernen Sie, wie Sie Ihren Welpen jede Menge positive Erfahrungen sammeln lassen: drinnen und draußen, mit Menschen, mit anderen Hunden, in der Stadt und beim Tierarzt.

Das steckt drin:
Infokarten: Hier erfahren Sie alles, was Sie für die richtige Aufzucht und Erziehung Ihres Welpen wissen müssen - vom Sozialverhalten bis zum richtigen Lernen.

Lernkarten: Die wichtigsten Grundübungen und Befehle Schritt für Schritt erklärt und in Zeichnungen dargestellt - ganz einfach nachzumachen!

Erlebniskarten: Entdecken Sie gemeinsam mit Ihrem Welpen die Welt! So wird er zu einem selbstsicheren und gelassenen Begleiter.

Aktivkarten: Damit trainieren Sie unter verschiedensten Bedingungen die Grundkommandos, so dass Ihr Welpe sie schon bald sicher befolgt.

Nehmen Sie jeden Tag eine Karte mit auf den Spaziergang - sie passt in jede Jackentasche! Dann ist Ihr Welpe schon bald fit für alle Situationen, die Sie als Team zu meistern haben.

Ich wünsche Ihnen viel Spaß mit Ihrem Hund und Erfolg beim Training!
Celina del Amo

L17 FUTTERSPASS: Auf einen Blick

Legen Sie ein Kaustängelchen oder eine kleine Anzahl Trockenfutterstückchen auf dem Schlafplatz (oder in der Box) des Welpen aus.

Lassen Sie ihn dann das Futter selbständig aufsammeln und fressen. Für fortgeschrittene Hunde können Sie die Futterstückchen mit einem Handtuch abdecken.

Stülpen Sie über ein interessant riechendes Futterstück eine Plastikschüssel. Lassen Sie den Welpen dabei zusehen und dann seine „Beute“ erarbeiten.

Lernkarte 17: FUTTERSPASS

L17

Lassen Sie den Welpen zur Beschäftigung Teile seiner Ration in Futterspielen selbst erarbeiten.

So geht's

- Es ist sinnvoll, den Welpen in Phasen, in denen man sich nicht so intensiv um ihn kümmern kann (oder will), zu beschäftigen, denn sonst kann es sein, dass er sich selbstständig (ungeeignete) Hobbys sucht. Futterspiele sind eine gute Möglichkeit zur Selbstbeschäftigung. Allerdings muss die hier eingesetzte Menge von der Tagesration abgezogen werden!
- Auch für **Alleinsein-Übungen**, das Boxentraining, Gewöhnungsübungen an das Auto oder neue Orte sind derartige Spiele gut geeignet.

- **Arbeit macht Spaß:** Um die Fütterung tatsächlich als Beschäftigungsmaßnahme auszunutzen, muss der Hund für die Futteraufnahme möglichst lange brauchen und sich regelrecht abarbeiten. Das macht ihm mehr Spaß als man vielleicht zunächst glaubt!

- Im Handel gibt es viele **Hilfsmittel**, die als Futterbeschäftigungsspiele konzipiert sind. Es geht aber auch ohne aufwendige Hilfsmittel.
- Stecken Sie dem Welpen z.B. einige Futterstücke in eine leere Klopapierrolle und knicken Sie deren Enden um, so dass das Futter nicht von alleine heraus fällt.
- Lassen Sie den Welpen aus einem mit zerknülltem Papier gefüllten Eimer leckere Futterstücke herauswühlen.

Fehlerquellen:

Problem: *Der Welpe lässt sich nicht gut auf die Futterspiele ein.*

Das hilft: Setzen Sie dann anfangs sehr leckere Futterhappen ein, um ihn zu animieren. Passen Sie den Schwierigkeitsgrad des Futterspiels Ihrem Welpen an. Wenn die Anforderung zu schwierig ist, wird er frustriert und verliert die Lust.

L16 SPIELEN: Auf einen Blick

Vermitteln Sie Ihrem Hund, dass er nicht einfach wahllos in ein Spielzeug oder einen anderen Gegenstand beißen darf, wenn Sie diesen in der Hand halten. Ignorieren Sie wüstes Verhalten und verweigern Sie das Spiel, bis sich der Hund beruhigt hat.

Leiten Sie, wenn Ihr Welpe Sie „artig fragend“ angeschaut hat, das gemeinsame Ziehspiel mit einem Startkommando, z.B. NIMM, ein.

Achten Sie beim Ziehen darauf, dass die Erregungslage nicht außer Kontrolle gerät und üben Sie zwischendurch immer wieder das AUS-Geben des Objektes.

Im Spiel lernen Welpen wichtige Verhaltensregeln.

So geht's

- Beim Spielen können einige sehr wertvolle Übungen zur Selbstkontrolle (➔Lernkarte 13) trainiert werden. Hierzu zählt auch das Erlernen einer guten **Beißhemmung**.
- In **Ziehspielen** kann man neben der Erregungskontrolle auch gut das AUS-Kommando üben. Achten Sie bei der Auswahl des Spielzeugs darauf, dass Sie gut daran festhalten und es somit gut unter Kontrolle halten können (➔Lernkarte 5).
- Auf der ➔Infokarte 3 sind **Spielregeln** aufgeführt. Wenden Sie die ersten vier Regeln vor allem bei Ziehspielen an. Lassen Sie den Welpen dabei aber ab und zu gewinnen, denn das motiviert ihn weiter mitzumachen. Niemals zu gewinnen, macht auch einem Hund auf Dauer keinen Spaß!

Fehlerquellen:

Problem: *Der Welpe schnappt immer beim Spielen.*
Das hilft: Beim Spielen besteht immer die Gefahr, dass der Welpe in eine hohe Erregungslage gerät. In seiner Spielerregung ist er schwerer zu kontrollieren und kann auch schneller schnappen. Beweisen Sie ihm Führungsqualitäten, indem Sie dann das Spiel abbrechen, ohne eigene Aggression zu zeigen. Ignorieren Sie den Welpen für zu wildes Verhalten oder ordnen Sie eine Auszeit an (➔Infokarten 3 und 13).

Tipp!
Auch die Kontrolle im Spiel (Übung auf der Rückseite) lernt der Hund leichter, wenn man schrittweise vorgeht. Halten Sie deshalb das Spielzeug anfangs ruhig, um den Welpen nicht zum unkontrollierten Schnappen zu verleiten.

L15 SPASSÜBUNGEN: Auf einen Blick

PENG: *Lassen Sie den Welpen PLATZ machen und warten Sie, bis er sich aus Bequemlichkeit leicht seitlich hinlegt.*

Halten Sie ihm ein Leckerchen vor die Nase und führen Sie Ihre Hand dann in einem Halbkreis über seinen Rücken seitlich auf den Boden.

Geben Sie dem Welpen sofort, wenn er die gewünschte Position eingenommen hat, das Leckerchen als Belohnung.

Pfote geben: *Halten Sie dem Hund ein Leckerchen in Höhe seiner Schultergelenke mittig vor die Brust und lassen Sie ihn daran schnüffeln.*

Warten Sie in dieser Position, bis er eine Pfote ein wenig anhebt. Belohnen Sie ihn dafür. Bauen Sie schrittweise die Übung aus, bis er seine Pfote auf Ihre Hand legt.

Lernkarte 15: SPASSÜBUNGEN L15

Es gibt viele Übungen und kleine Kunststückchen, die auch im Alltag sehr nützlich sein können.

So geht's

- **PENG:** Dem Welpen beizubringen, sich auf die Seite oder den Rücken zu legen, ist sehr praktisch für das Abtrocknen der Pfoten und Pflegemaßnahmen, z.B. das Entfernen einer Zecke am Bauch.
- Passen Sie zum Start in diese Übung einen Moment ab, bei dem der Hund in einer bequemen Liegeposition seitlich schon ein Hinterbein untergeschlagen hat.
- Manchen Hunden hilft es, wenn man sanft die Vorderpfote der Seite, auf die sich der Hund legen soll, festhält. So kann er seine Position nicht verändern.
- Anderen scheint es leichter zu fallen, wenn man so vorgeht, wie auf der Rückseite in der Bilderfolge dargestellt. Der Welpe muss hier seinen Kopf weit verdrehen und lässt sich schließlich aus Bequemlichkeit von selbst auf die Seite kippen.
- Trainieren Sie diese Übung als Spaßübung zwischendurch und nehmen Sie sie auch in Ihre Übungsliste für Behandlungen beim Tierarzt auf.
- **Pfote geben:** Der Übungsaufbau ist auf der Rückseite dargestellt.
- Belohnen Sie den Hund anfangs schon für zaghafte Bemühungen mit der Pfote. Steigern Sie dann schrittweise den Anspruch. Führen Sie das Kommando erst ein, wenn der Hund weiß, was zu tun ist (Bilder unten rechts und links).

Fehlerquellen:

Problem: *Der Welpe kann die Übung nur mit Hilfestellung umsetzen.*
Das hilft: Vielleicht hat der Welpe das Kommando falsch verknüpft. Üben Sie die PENG-Position zunächst einige Male ohne Kommando, bis Sie sicher sind, dass der Bewegungsablauf mit Ihrer Hilfe zügig gelingt. Führen Sie erst dann das Kommando ein, denn so verbindet der Welpe das Signalwort direkt mit der richtigen Ausführung und nicht etwa mit Fehlversuchen.

L14 SPASS FÜR KINDER: Auf einen Blick

Bring deinem Hund bei, eine Acht um deine Beine zu laufen. Stell dich hierzu mit gegrätschten Beinen hin und lasse ihn neben dir SITZ machen.

Locke deinen Hund von vorne nach hinten durch deine Beine hindurch.

Achte darauf, dass dein Hund sehen kann, dass du die Belohung immer noch in der Hand hast.

Gib deinem Hund die Belohnung anfangs schon, wenn er auf der anderen Seite angekommen ist. Später, wenn er die Übung schon gut beherrscht, bekommt er die Belohnung erst nach einer vollen Achterrunde.

Spaßübungen für die ganze Familie.

So geht's

- **Drehen:** Halte deinem Welpen ein Leckerchen vor die Nase und beschreibe mit der Hand seitlich einen großen Kreis, so dass der Hund sich einmal um sich selbst dreht, wenn er neugierig deiner Hand mit dem Leckerchen folgt.

- **Unten:** Mit einem kleinen Hund kannst du üben, sich von hinten kommend zwischen deine Beine zu stellen, wenn du eine Grätsche machst. Hierzu kannst du ihn mit einem Leckerchen locken. Du kannst auch versuchen, ein paar Schritte mit dem Hund unter dir zu laufen, indem du ihn mit Futter lockst und ihn alle paar Schritte belohnst, wenn er gut mitmacht.

- **Sprung durch einen Reifen:** Locke deinen Hund mit einem Leckerchen durch einen Reifen. **Achtung**: Diese Übung ist für deinen Hund sehr anstrengend. Lass ihn deshalb nicht zu hoch und nicht zu oft springen.

- **Übungen auf einem Hocker:** Locke deinen Hund auf einen großen Hocker oder draußen auf ein Mäuerchen oder eine Bank. Belohne ihn, wenn er oben angekommen ist. Lass ihn dann SITZ machen, indem du ihm nur das Sichtzeichen zeigst. Belohne ihn noch einmal, wenn er auch das geschafft hat.

- **Die andere Pfote:** Wenn dein Hund die Übung Pfötchengeben (➔ Lernkarte 15) schon kennt, kannst du ihm beibringen, dir wahlweise die rechte oder die linke Pfote zu geben. Besonders leicht fällt ihm diese Übung, wenn er vor dir sitzt und du ihm deine reche Hand in Richtung vor seiner linken (er sitzt ja spiegelverkehrt vor dir!) Schulter hinhältst, damit er die linke Pfote hochheben kann und deine linke Hand vor seine rechte Schulter, damit er die rechte Pfote hochheben kann.

Fehlerquellen:

Problem: *Der Welpe verliert die Lust an der Übung.*
Das hilft: Nimm als Lockmittel und zur Belohnung Dinge, die dein Hund besonders gerne mag. Achte darauf, immer nur kurz mit dem Welpen zu üben, denn er kann sich noch nicht so lange konzentrieren.

L13 SELBSTKONTROLLE: Auf einen Blick

Korrigieren Sie Ihren Hund nicht, wenn er sich für die falsche Seite einer Laterne entscheidet. Bleiben Sie stehen, wenn die Leine auf Zug kommt.

Warten Sie geduldig, bis sich der Hund etwas einfallen lässt, um die Situation zu meistern.

Belohnen Sie den Hund für seine gute Idee und Bereitschaft, sich an Ihnen zu orientieren.

Lernkarte 13: SELBSTKONTROLLE

L13

Vermitteln Sie Ihrem Hund, dass er für einige Dinge selbst die Zügel in der Hand hält.

So geht's

- Übungen zur Selbstkontrolle werden ohne Kommando umgesetzt. Der Hund lernt hier aus der Situation heraus, ob eine Handlung erfolgreich ist oder nicht.
- Damit der Hund auch wirklich das erwünschte Verhalten lernt, müssen Sie die Übungen so steuern, dass **nur eine Handlung** möglich ist.
- Beispiele: Verweigern Sie Ihrem Welpen Futter oder Spielzeug, wenn er sich zu wild, rüpelig oder schnappig verhält. Geben Sie ihm die Dinge, wenn er brav und höflich ist.
- Ignorieren Sie Wuseligkeiten oder Hysterie. Ein guter Übungsmoment ist der Start zum Spaziergang oder das Aussteigen aus dem Auto, wenn der Hund sich auf den Spaziergang freut. Vermitteln Sie ihm, dass es erst losgeht, wenn er sich ordentlich verhält (➔ Erlebniskarte 11). Auch die Leinenführigkeit (➔ Lernkarte 10), ruhiges Liegen oder gesittetes Durchschreiten von Türen etc. sind Übungen zur Selbstkontrolle.

Fehlerquellen:

Problem: *Beim Nehmen von Leckerchen ist der Welpe so gierig, dass er mir mit seinen Zähnen weh tut.*

Das hilft: Setzen Sie diese Übung zunächst mit wenig attraktivem Futter um, nachdem der Hund seine Ration schon gefressen hat. Verweigern Sie ihm das Leckerchen, wenn er mit den Zähnen Ihre Hand berührt, aber belohnen Sie ihn sofort, wenn er sich kurz beherrscht.

Tipp!

Achten Sie darauf, dass Sie in dieser Übung dem Hund immer einen Schritt voraus sind. Schränken Sie das Lernen von Fehlern dadurch ein, dass Sie dem Hund keine Chance zu unerwünschten Hobbys bieten. Sparen Sie nicht mit Lob und Belohnung, wenn der Welpe sich um braves Verhalten bemüht.

L12 POSITIVE VERKNÜPFUNG: Auf einen Blick

In diesem Beispiel sieht der Welpe einen Jogger. Durch die Bewegung verleitet möchte er vielleicht hinlaufen. Er kann aber lernen: „Jogger sind gut, denn dann gibt es ein Häppchen von meinem Besitzer“.

Reizen Sie den Welpen mit einem schmackhaften Leckerchen oder einem interessanten Spielzeug an und lenken Sie sein Interesse um, so dass er Sie im Blick hat.

Geben Sie dem Welpen das Leckerchen im Moment der größten Nähe. In schwierigen Situationen ist es unter Umständen nötig, diese Übung mit zwei bis drei kleinen Häppchen durchzuführen, um die Konzentration des Welpen ausreichend lange zu fesseln. So können Sie wirkungsvoll verhindern, dass er den Jogger verfolgt.

Beeinflussen Sie über das Emotionstraining die Gefühlslage des Welpen positiv.

So geht's

- Wenn Sie möchten, dass Ihr Welpe ein beliebiges Detail einer Situation mit einem **positiven Gefühl** (z.B. der Freude auf ein Spielzeug oder ein Leckerchen) verbindet, müssen Sie ihn direkt, nachdem er das entsprechende Detail wahrgenommen hat, über Futter oder Spielzeug in eine positive Emotionslage versetzen.
- Ziel einer optimalen Förderung ist, dass der Welpe möglichst viele Situationen mit einem positiven Gefühl verbindet. So wirken Sie möglichen **Angstverknüpfungen** entgegen, die auch die Ursache für aggressives Verhalten sein können.
- Vor allem in Situationen mit **Bewegungsreizen** (Radfahrer, Skater, Jogger, rennende Kinder, fremde Tierarten oder spielende Hunde, wenn der Welpe einmal nicht mitspielen kann oder darf) ist diese Übung von unschlagbarem Wert.

Fehlerquellen:

Problem: *Der Welpe hat trotzdem Angst, z.B. vor Skatern.*
Das hilft: Steigern Sie die Qualität Ihres Verknüpfungsmittels, das positive Emotion auslösen soll, und üben Sie zunächst mit größerer Distanz zu Skatern. Bleiben Sie selbst ganz entspannt und ruhig, um dem Welpen zu vermitteln, dass es gar keinen Grund zur Besorgnis gibt.

Tipp!
Es gibt eine Vielzahl von Reizsituationen, in denen es ratsam ist, den Hund in eine positive Stimmung zu versetzen. Nach geglücktem Training sind die jeweiligen Reize zum positiven Schlüsselreiz geworden und der Hund freut sich darüber, wenn sie auftreten. Gleichzeitig wendet er sich aber Ihnen zu, denn er hat dann wie im Beispiel auf der Rückseite gelernt: Wenn ein Jogger (oder ein anderer „Reiz“) kommt, gibt es ein Häppchen von meinem Besitzer.

L11 FUSS: Auf einen Blick

Halten Sie dem Welpen ein Leckerchen dicht vor die Nase, und auf Höhe der Hundenase gleichzeitig eng an Ihr Bein. Laufen Sie so einige Schritte.

Ziehen Sie nun in einer zügigen Bewegung das Leckerchen seitlich an Ihrem Körper hoch, so dass der Welpe es aus der Seitposition gut im Blick behalten kann. Sprechen Sie genau in dem Moment das Kommando FUSS aus, wenn der Welpe Sie (bzw. anfangs das Leckerchen) aufmerksam anschaut.

Geben Sie ihm dann das Leckerchen als Belohnung. Bleiben Sie aber auch dabei nicht stehen. Setzen Sie kleine und weiche Belohnungsstückchen ein, um einen flüssigen Übungsablauf nicht zu stören.

Bei FUSS zu gehen ist etwas für Fortgeschrittene. Gute Konzentration ist die Basis.

So geht's

- Das langsame Laufen an Ihrer Seite kennt der Hund schon durch die Übungen zur Leinenführigkeit. Unter dem Kommando FUSS soll er nun seine **Konzentration** auf Sie richten und Sie anschauen.
- Bauen Sie die Übung auf, wie es auf der Rückseite beschrieben ist.
- Durch diesen Übungsaufbau erreichen Sie zweierlei: Einerseits stellen Sie den Welpen vom Locken auf eine echte Belohnung um, andererseits erschleichen Sie sich einen aufmerksamen **Blick nach oben**. Bei Welpen reicht eine einzige schnelle Auf- und Abbewegung während eines Schrittes! Später kann nach und nach die Leistung ausgebaut werden.
- Der Kernpunkt dieser Vorbereitungsübung ist, dass der Hund für den **Blickkontakt** belohnt wird – also in jedem Fall bevor er wegschaut!

Fehlerquellen:

Problem: *Der Hund ist nicht ausreichend lange bei der Sache.*

Das hilft: Bedenken Sie, dass ein Welpe noch nicht gelernt hat, sich lange zu konzentrieren. Schrauben Sie den Anspruch der Übung zurück und schulen Sie die allgemeine Konzentrationsfähigkeit (→ Lernkarte 1).

Tipp!

Benutzen Sie das Kommando FUSS nur, wenn alle Details der Übung stimmen und die Übung perfekt gelingt. Vermeiden Sie es, den Hund über das Kommando an eine bessere Ausführung erinnern zu wollen, denn das kann der Welpe noch nicht leisten. Halten Sie die Übungen stets kurz, denn so schränken sie die Fehlermöglichkeiten ein.

L10 LEINENFÜHRIGKEIT: Auf einen Blick

Bleiben Sie stehen, wenn Sie merken, dass Ihr Hund nicht weitergehen will oder an der Leine nach vorne oder zur Seite zieht. Warten Sie geduldig ab.

Belohnen Sie den Welpen bei diesem Vorgehen immer, wenn er sich Ihnen zuwendet. Gehen Sie danach wieder gemeinsam los. Achtung: Dies erfordert ein hohes Maß an Geduld, da man oftmals nur langsam vorankommt.

Loben Sie den Welpen, wenn er ohne Zug neben Ihnen läuft, denn das ist anfangs keine Selbstverständlichkeit.

Vermitteln Sie Ihrem Welpen alternativ zu der Übung oben, dass der schönste Platz dicht neben Ihnen ist, indem Sie ihn dicht an Ihrer Seite mit Futter oder Spielzeug unter Motivation halten.

Als Leinenführigkeit bezeichnet man das Laufen an der Leine, ohne zu ziehen.

So geht's

- Wenn der Hund lernen soll, nicht an der Leine zu ziehen, sollte er sich gar nicht erst an das Gefühl gewöhnen, **Zug am Halsband oder Geschirr** zu spüren. Das heißt: Auch Sie sollten keinen Zug am Halsband oder Geschirr, etwa als Korrekturmaßnahme, einsetzen! Vermitteln Sie dem Welpen, dass er nicht vorwärts kommt, wenn er an der Leine zieht (siehe Rückseite).
- Belohnen Sie Ihren Welpen, sobald er ein paar Schritte an der Leine geht, ohne zu ziehen.
- Wenn statt Leckerchen Spielzeug als Belohnung eingesetzt werden soll, eignet sich ein Spielzeug mit einer langen Kordel besonders gut. Die Kordel bietet Ihnen die Möglichkeit, das Spiel zu kontrollieren. Lassen Sie den Welpen, während er angeleint neben Ihnen läuft, in das **Kordelspielzeug** beißen. Indem Sie den Gegenzug verstärken oder mit dem Spielzeug schlenkern, können Sie es immer wieder spannend machen, wenn Sie merken, dass Ihr Hund die Lust daran verliert.

Fehlerquellen:

Problem: *Der Welpe lässt sich jeweils nur für kurze Momente auf die Übung konzentrieren.*
Das hilft: Das ist normal. Stecken Sie anfangs das Ziel nicht zu hoch. Die Leinenführigkeit erfordert ein hohes Maß an Selbstkontrolle (➔ Lernkarte 13). Variieren Sie die Übungen, indem Sie mal mit Futter und mal mit Spielzeug trainieren. Wechseln Sie außerdem immer wieder Spielphasen und Übungsphasen ab, damit Ihr Hund sich zwischendurch zerstreuen kann (siehe Rückseite, Bild unten).

Problem: *Der Welpe will gar nicht an der Leine spazieren gehen.*
Das hilft: Geduld! Die Lust am Spaziergang kommt von ganz alleine, wenn der Welpe lernt, wie viel Spaß man draußen haben kann.

Fahren Sie mit Ihrem Welpen ins Grüne. In fremder Umgebung klappt es oft besser mit dem Laufen an der Leine. Nutzen Sie dies zur Gewöhnung.

L9 HIER III: Auf einen Blick

Ihr Welpe spielt ausgelassen mit einem befreundeten Artgenossen.

Gehen Sie zu Ihrem Welpen hin und halten Sie ihm ein besonders leckeres Futterstück oder sein Lieblingsspielzeug direkt vor die Nase.

Wenn Sie merken, dass sich Ihr Welpe für Sie bzw. Ihr Lockmittel interessiert, können Sie ihn zusätzlich mit seinem Namen ansprechen und ihn locken. Achten sie darauf, dass er nicht den Kontakt zum Lockmittel verliert.

Sagen Sie erst HIER, wenn Sie das Interesse des Welpen fest gefesselt haben und er Ihnen folgt. Belohnen Sie ihn, wenn er sich wenige Schritte von der Ablenkungssituation entfernt hat.

Dass Nicht-Kommen auch eine Möglichkeit ist, sollte Ihr Geheimnis bleiben!

So geht's

- In einer Vielzahl von Situationen, z.B. unter großer Ablenkung, ist zunächst noch vorprogrammiert, dass der Welpe auf das Rückrufsignal nicht sofort reagieren wird. **Vermeiden** Sie es in solchen Situationen strikt, das Rückrufsignal einzusetzen!
- Sammeln Sie Ihren Welpen in diesen Situationen lieber ein, als ihn vergeblich abzurufen. Am besten ist es, ihn in diesen Situationen zu „**verhaften**", wie auf der Rückseite beschrieben.
- Später, wenn Ihr Hund das Verhaften schon kennt und er sich für kurze Zeit schon gut auf Sie konzentrieren kann, können Sie auch schwierigere Situationen oder längere Distanzen meistern. Eine zusätzliche Hilfe ist es dann, zusammen mit dem Welpen ein paar Schritte zu **rennen**, denn das animiert und motiviert Hunde in aller Regel sehr.
- Üben Sie das Rückrufsignal auch **Zuhause**. Setzen Sie es aber immer nur dann ein, wenn Sie den Welpen zu Unternehmungen heranrufen, die ihm Freude bereiten. Verbinden Sie das Kommando z.B. mit der Fütterungszeit, aber auch als Einleitung in Übungen, die Ihr Welpe schon kennt und gerne vorturnt. Später können auch Versteckspiele in der Wohnung ein Spaß für die ganze Familie sein.

Fehlerquellen:

Problem: *Der Welpe kommt nicht, wenn Sie die Leine in der Hand haben.*
Das hilft: Vermeiden Sie, dem Welpen zu vermitteln, dass der Rückruf stets das Ende vom Spaß bedeutet. Schließen Sie nach dem Rückruf so oft es geht eine schöne Unternehmung an. Üben Sie nach dem Rückruf häufig das Anleinen, um ihn nach einer kurzen Übungseinheit an der Leine doch wieder frei ins Spiel zu entlassen.

HIER II: Auf einen Blick

Lassen Sie den Welpen von einer Hilfsperson festhalten und reizen Sie ihn mit einem Spielzeug oder Leckerchen an, indem Sie es ihm zeigen und ihn daran schnüffeln lassen.

Entfernen Sie sich nun schnell von Ihrem Welpen.

Rufen Sie ihn dann zu sich heran. Ihre Hilfsperson soll den Welpen erst in dem Moment loslassen, wenn Sie ihn rufen.

Belohnen Sie den Welpen ***sofort****, wenn er bei Ihnen angekommen ist.*

Gestalten Sie die Rückrufübungen so, dass der Welpe sie stets erfolgreich umsetzen kann.

So geht's

- Üben Sie unter kontrollierten Bedingungen die Rückrufübung mit einer **Hilfsperson**, wie es auf der Rückseite beschrieben ist. Achten Sie darauf, die Übung an wechselnden Orten zu trainieren. Vermeiden Sie zunächst Situationen mit starker Ablenkung, z.B. frei laufende Hunde in der Nähe.
- Nach einigen hundert Wiederholungen kann die Übung schrittweise schwieriger gestaltet werden. Locken Sie den Welpen zu Beginn der Übung dann nicht mehr jedes Mal mit Futter. Lassen Sie ihn größere Anstrengungen vollbringen, indem Sie die **Distanz der Strecke** vergrößern, die er zurücklegen muss. Sie können sich auch verstecken oder die Übung in der Dämmerung oder Dunkelheit umsetzen. Belohnen Sie ein eifriges Mitarbeiten immer mit einem Jackpot.

Tipp!
Steigern Sie den Schwierigkeitsgrad nicht zu schnell, denn die Übung soll dem Welpen in Fleisch und Blut übergehen!

Fehlerquellen:

Problem: *Vor allem aus Spielsituationen kommt der Hund nicht gut heran.*
Das hilft: Rufen Sie ihn wirklich nur, wenn er aufmerksam ist, denn in der Aufregung des Spiels mit Artgenossen ist die Konzentration auf den Besitzer eingeschränkt. Belohnen Sie ihn, wenn er kommt, mit einem Jackpot und entlassen Sie ihn dann wieder ins Spiel zurück. Weiterspielen zu dürfen ist für viele Hunde die schönste Belohnung überhaupt!

Tipp!
In einer Familie ist es sinnvoll, wenn alle Personen die auf der Rückseite beschriebene Übung durchführen. So lernt der Welpe von Anfang an, dass es schön ist, zu allen Familienmitgliedern zu laufen, wenn sie ihn rufen.

HIER I: Auf einen Blick

Benutzen Sie das Rückrufsignal immer, wenn Ihr Hund im Freilauf per Zufall auf Sie zuläuft. Belohnen Sie ihn für diese tolle Idee mit einer Qualitätsbelohnung! Für einen spielfreudigen Welpen kann z.B. auch ein gemeinsames Rennen eine tolle Belohnung sein.

Warten Sie, wenn Ihr Welpe Freilauf hat, ohne ihn anzusprechen geduldig auf seine Aufmerksamkeit.

Rufen Sie ihn erst in dem Moment, wenn er Blickkontakt zu Ihnen aufnimmt. Animieren Sie ihn zu einem noch schnelleren Heranlaufen, indem Sie sich hinhocken oder ein paar Schritte wegrennen. Belohnen Sie ihn stets mit einer Qualitätsbelohnung, wenn er kommt. Vermeiden Sie strikt eine bedrohliche Körperhaltung, denn der Hund soll sich in Ihrer Nähe immer besonders wohl fühlen.

Lernkarte 7: HIER I

L7

Auf Zuruf sofort zu kommen ist eine der wichtigsten Übungen für den Hund.

So geht's

- Vermitteln Sie Ihrem Welpen in den Rückrufübungen, dass das Rankommen immer mit einer tollen **Belohnung** einhergeht.
- Nutzen Sie die futterorientierte Nachfolgebereitschaft Ihres Welpen. Stecken Sie ihm immer wieder einmal ein schmackhaftes **Leckerchen** zu, wenn er Ihnen folgt. Auf diese Weise lernt er, dass es eine lohnenswerte Handlung ist, sich an Ihnen zu orientieren. Benutzen Sie das Rückrufkommando HIER in dieser Übung, kurz bevor Sie dem Welpen die Belohnung zustecken.
- Binden Sie **Spielelemente** in das Rückruftraining ein. Rennen Sie z.B. draußen plötzlich in eine beliebige Richtung vom Hund weg und rufen Sie hierbei das Rückrufsignal. Bestätigen Sie den Hund, sobald er bei Ihnen ist, mit einer ganz besonderen Belohnung.

Fehlerquellen:

Problem: *Der Welpe zögert und kommt nicht ganz ran.*
Das hilft: Vermeiden Sie bedrohliche Körperhaltungen. Hocken Sie sich hin und tun Sie unbeteiligt. Vermeiden Sie es zunächst, den Welpen anzufassen oder festzumachen, wenn er endlich bei Ihnen ist, sondern geben Sie ihm nur die Belohnung.

Achtung!
Lassen Sie dem Rückrufsignal drinnen und draußen stets etwas folgen, das dem Welpen Spaß bereitet. Passiert nichts oder nichts Positives, wenn er zu Ihnen kommt, wird er dies immer seltener tun!

L6 BLEIB: Auf einen Blick

Lassen Sie den Welpen SITZ oder PLATZ machen. Treten Sie mit den Füßen auf der Stelle und belohnen Sie ihn, wenn er sich ruhig verhält. Variieren Sie die Übung, indem Sie sich um 360° drehen.

Entfernen Sie sich in der nächsten Übung einen Schritt vom Hund.

Treten Sie sofort danach wieder an Ihren Welpen heran und belohnen Sie ihn, wenn er nicht aufgestanden ist. Steigern Sie nun langsam die Übungsschwierigkeit.

Lernkarte 6: **BLEIB**

L6

Üben Sie mit dem Welpen, die ihm angewiesene Position nicht zu verlassen, während Sie sich von ihm entfernen.

So geht's

- Mit dem Kommando BLEIB verbindet der Welpe eine räumliche Trennung von seinem Halter und verharrt entspannt auf seiner Position. Als Handzeichen eignet sich beispielsweise die leicht vorgestreckte und etwas **nach oben gewinkelte Hand.**
- Das Bleiben fällt manchen Welpen anfangs schwer, denn sie haben das Bestreben, immer und überall mitmischen zu wollen. Vermitteln Sie Ihrem Welpen frühzeitig, dass sich ruhiges Warten auszahlt!

Tipp!

Rufen Sie den Hund in der gesamten Welpenzeit möglichst nicht aus der BLEIB-Übung zu sich heran. Denn mit dem Heranrufen belohnen Sie nicht das artige Bleiben, sondern das Kommen. Außerdem lernt der Welpe, ein höheres Maß an Entspannung mit der BLEIB-Übung zu verbinden, wenn Sie die Übung nicht mit dem Abrufen beenden, sondern ihm die Belohnung bringen. So wird er an Ort und Stelle belohnt.

Fehlerquellen:

Problem: *Der Welpe will immer sofort folgen.*
Das hilft: Halten Sie kein Futter in der Hand und achten Sie auf eine gerade Körperhaltung. Üben Sie zunächst sehr einfache Varianten und steigern Sie erst dann den Anspruch der Übung, wenn der Welpe diese Übungen beherrscht.

Problem: *Der Welpe bleibt zwar einen Moment, springt aber auf, kurz bevor er die Belohnung bekommt.*
Das hilft: Üben Sie die BLEIB-Übung noch häufiger auf einfacherem Niveau, um diesen Fehler zu vermeiden. Erinnern Sie den Welpen auf Ihrem Weg zu ihm zurück etwa mit den Worten SITZ oder PLATZ oder den entsprechenden Sichtzeichen daran, welche Position er beibehalten soll. Besonders einen ungeduldigen Welpen können Sie auch mit der Leine an einem festen Gegenstand anbinden, um zu verhindern, dass er Ihnen entgegenläuft. So schleichen sich keine Fehler ein.

L5 AUS: Auf einen Blick

Lassen Sie Ihren Welpen wahlweise an einem Kaustängelchen knabbern oder an einem Spielzeug ziehen, während Sie das andere Ende festhalten.

Halten Sie ihm nun ein Tauschobjekt, das noch interessanter ist, als das Objekt, das er gerade hat, direkt vor die Nase. Sagen Sie AUS, sobald Ihr Welpe das Spielzeug loslässt, weil er das Tauschobjekt nehmen will.

Belohnen Sie den Hund dann, indem er das Tauschobjekt haben darf. Verstecken Sie das ertauschte Objekt hinter Ihrem Rücken, damit er nicht verleitet wird, danach zu schnappen.

Lernkarte 5: AUS

Lassen Sie den Welpen beim braven AUS-Geben wertvolle Dinge gewinnen.

So geht's

- Um ein freudiges AUS-Lassen zu trainieren ist es sinnvoll, das Kommando als **Tauschgeschäft** aufzubauen. Vermitteln Sie Ihrem Welpen, dass er beim AUS-Geben nichts verliert, sondern stets sehr attraktive Dinge gewinnt (wie auf der Rückseite beschrieben).
- Beweisen Sie ihm, dass AUS-Geben **kein Verlustgeschäft** ist, indem Sie ihn erst für das AUS-Lassen belohnen und ihm dann das Objekt, das er vorher hatte, wiedergeben.
- Üben Sie AUS-Geben von Futter, Spielzeug und Dingen, die der Welpe auf seinen Erkundungstouren erobert hat. Halten Sie stets etwas sehr Attraktives parat, damit die AUS-Übung gut gelingt.
- Steigern Sie bei Wiederholungen erst dann den **Schwierigkeitsgrad** (indem Sie das Tauschobjekt immer später ins Spiel bringen), wenn Sie ganz sicher sind, dass Ihr Hund eine sichere Verbindung zu dem Kommandowort AUS hergestellt hat.

Fehlerquellen:

Problem: *Der Welpe lässt nicht los.*
Das hilft: Tauschen Sie zunächst gegen Dinge, die dem Hund besonders viel wert sind, z.B. ein leckeres Stück stinkenden Käse oder Leberwurst. Vermeiden Sie es, den Welpen spüren zu lassen, wenn Sie ihm etwas sehr dringlich abnehmen wollen, denn das vermittelt ihm nur, dass der Besitz dieser Sache eine tolle Angelegenheit ist. Verlangen Sie Tauschgeschäfte beiläufig und im Alltag häufig, dann ist es für den Hund nichts Besonderes.

Problem: *Der Welpe rennt mit der Beute weg und lässt sich auf kein Tauschgeschäft ein.*
Das hilft: Machen Sie die Übung zunächst an der Leine. Wenn dies schwierig ist, sollten Sie das Kommando zunächst nicht mit „Beute", sondern mit einem größeren Kauspielzeug üben, das Sie gleichzeitig mit dem Hund festhalten können. So behalten Sie die volle Kontrolle.

L4 Platz: Auf einen Blick

Wecken Sie das Interesse Ihres Welpen, indem Sie ihn an einem schmackhaften Leckerchen schnüffeln lassen.

Führen Sie dann die Hand mit dem Leckerchen dicht am Hundeköper, also an seiner Brust entlang bis zwischen die Vorderpfoten, und halten Sie es dort auf dem Boden fest. Verändern Sie nicht die Position Ihrer Hand, sondern warten Sie geduldig ab.

Lassen Sie den Welpen selbst herausfinden, was zu tun ist. Wenn er sich bei der Bemühung an das Futter zu kommen hinlegt, sagen Sie freundlich PLATZ und geben es ihm zur Belohnung sofort frei. Ideal ist es, wenn der Welpe das Leckerchen noch im Liegen frisst.

Lernkarte 4: PLATZ

L4

Als Ruhe-Übung oder beim Warten ist das Liegen in der PLATZ-Position ideal.

So geht's

- Üben Sie die PLATZ-Position, wie auf der Rückseite beschrieben.
- Sobald Ihr Hund die PLATZ-Position mit der Lockhilfe zügig einnimmt, kann der Anspruch gesteigert werden. Belohnen Sie ihn dann nicht mehr mit dem Lockleckerchen, sondern mit einem anderen Futterstückchen, z.B. aus der anderen Hand.
- Trainieren Sie danach schrittweise das Hinlegen auf **Kommando oder Sichtzeichen**, ohne dass Sie sich selbst in die Hocke begeben.

Fehlerquellen:

Problem: *Der Welpe kratzt an der Hand bzw. knabbert an den Fingern, um an das Leckerchen zu kommen.*
Das hilft: Unterbrechen Sie ihn hierbei nicht, schützen Sie aber Ihre Hand gegen die spitzen Milchzähne bzw. Hundekrallen. Mit solchen Handlungen versucht der Hund herauszufinden, was getan werden muss, um an das Leckerchen zu kommen. Bleiben Sie am Ball, bald wird er herausgefunden haben, worauf es ankommt!

Problem: *Er legt sich nicht hin.*
Das hilft: Haben Sie Geduld! Solange der Welpe Interesse am Leckerchen hat, wird die Übung gelingen. Steigern Sie gegebenenfalls die Qualität des Lockmittels. Oft hilft es, die Übung auf einem bequemen Untergrund zu machen, auf dem Ihr Welpe schon oft gelegen hat, wenn er müde ist.

Problem: *Der Welpe hat zwar Interesse an dem Leckerchen, kommt aber nicht zum Liegen.*
Das hilft: Ziehen Sie das Leckerchen nicht auf dem Boden vor dem Welpen weg, das verleitet ihn zum Nachlaufen. Starten Sie die Übung aus der Position SITZ. Halten Sie die Hand mit dem Leckerchen ganz ruhig am Boden fest oder schieben Sie sie sogar auf den Hund zu. In beiden Fällen darf sich der Welpe ruhig etwas „verrenken“, um mit der Nase am Leckerchen zu bleiben. Dann ist die Chance groß, dass er sich aus Bequemlichkeit hinlegt.

L3 SITZ: Auf einen Blick

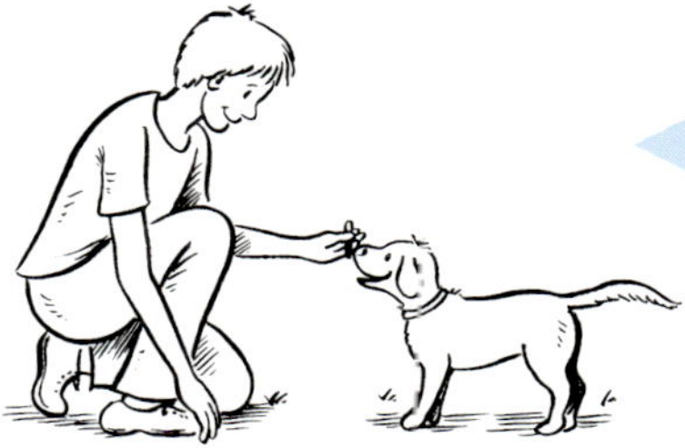

Lassen Sie Ihren Welpen an einem Leckerchen schnüffeln, um sein Interesse zu wecken. Tipp: Wenn Sie Ihre Hand in immer gleicher Art halten, lernt der Hund gleichzeitig auch ein Sichtzeichen für das Kommando SITZ.

Führen Sie nun die Hand mit dem Leckerchen nach oben und leicht über den Kopf des Hundes hoch. Achten Sie darauf, dass er Nasenkontakt zum Leckerchen hält und den Blick möglichst nicht abwendet. Fast automatisch gelangt der Welpe so in die SITZ-Position.

Benutzen Sie das Kommando genau in dem Moment, wenn der Po des Hundes den Boden berührt, und belohnen Sie ihn (vgl. „Übungsphasen“ → Infokarte 1).

Trainieren Sie, wenn Ihr Hund schon einige Routine erreicht hat, die Übung SITZ auch, während Sie selbst stehen. Vermeiden Sie hierbei aber eine bedrohliche Haltung.

Lernkarte 3: SITZ

L3

Ruhiges Sitzen ist eine Tugend, die von Welpentagen an geschult werden kann.

So geht's

- Üben Sie die SITZ-Position mit dem Welpen, wie es in der Übersicht auf der Rückseite beschrieben ist. Achten Sie von Anfang an darauf, die Übung in **verschiedenen Situationen** zu trainieren, damit Ihr Hund den Lerninhalt schnell generalisieren kann.
- Sobald Sie merken, dass Ihr Hund schon eine erste Verknüpfung zwischen Signal und Handlung hergestellt hat, können Sie ihm vermitteln, dass eine ruhige SITZ-Position in den meisten Fällen der **Schlüssel zum Erfolg** ist.
- Lassen Sie ihn vor dem Rausgehen, beim Anlegen von Halsband und Leine, an der Straße, vor dem Fressen etc. SITZ machen. Belohnen Sie ihn, wenn er alles richtig macht. Geben Sie ihm, falls nötig, Hilfe durch ein Sichtzeichen oder durch Locken, wenn die Situation sehr aufregend ist und er sich nicht so gut konzentrieren kann.

Fehlerquellen:

Problem: *Der Welpe hat kein Interesse diese Übung umzusetzen.*
Das hilft: Erhöhen Sie die Qualität des Lockmittels.

Problem: *Er springt, angelt mit einer Pfote nach dem Leckerchen, macht Männchen oder legt sich hin.*
Das hilft: Verändern Sie die Position Ihrer Lockhand nach oben oder unten und versuchen Sie es noch einmal. Verringern Sie ggf. auch die Qualität des Leckerchens, falls der Welpe übermotiviert ist.

Achtung!
Lösen Sie jedes Kommando, insbesondere jedes Positionskommando, immer mit einem **Freizeitzeichen** auf. Sonst kann ihr Hund nicht wissen, wann er sich wieder trollen darf. Junge Hunde können sich nur kurz konzentrieren. Lösen Sie die Übungen stets auf, bevor Ihr Hund die Lust verliert. Steigern Sie den Anspruch der Übungen dann in kleinen Schritten.

Vermeiden Sie Drohgesten, wie das Vorbeugen über den Hund, wenn Sie dem Welpen Halsband und Leine anlegen! Durch Bewegungen von unten, so wie im Bild dargestellt, vermitteln Sie dem Welpen, dass Sie sich ihm in guter Absicht nähern.

Laufen Sie ein paar Runden, den Napf in der Hand haltend, mit dem „angezogenen" Welpen umher, bevor Sie ihm das Fressen hinstellen. Auf diese Weise lernt er schnell, wie toll es ist, Halsband und Leine zu tragen. Gleichzeitig ist diese Übung gut für das Leinenführigkeitstraining.

**Name, Halsband, Leine –
ein positiver Bezug muss erst erlernt werden.**

So geht's

- **Übung:** Sprechen Sie Ihren Welpen oft mit seinem Namen an und stecken ihm ein kleines Leckerchen zu. So lernt er recht schnell, wer gemeint ist. Leiten Sie Interessantes oder Angenehmes immer mit einer direkten, persönlichen Ansprache ein.

- **Halsband, Geschirr und Leine:** Üben Sie mit dem Welpen über den Tag verteilt oft das An- und Ausziehen des Halsbands bzw. Geschirrs und das Anlegen der Leine. Anfangs bereiten diese Handlungen vielen Welpen Sorge und nur wenige sind begeisterte Spaziergänger. Achten Sie darauf, dass der Hund nicht lernen kann, dass Halsband oder Leine mit dem ihm noch unheimlichen Spaziergang in Verbindung stehen, sondern machen Sie zwischendurch „**Trockenübungen**". Koppeln Sie das Anlegen des Halsbandes oder Geschirrs mit einer nachfolgenden attraktiven Belohnung.
- Lassen Sie den Welpen zuschauen, wie Sie seine Mahlzeit zubereiten und stellen Sie den Napf dann außerhalb der Reichweite des Welpen ab. Legen Sie ihm sein Ausgeh-Equipment an und nehmen Sie dann den **Napf** zur Hand. Übungsschritt 2 ist auf der Rückseite dargestellt.
- Falls Ihr Welpe vor Aufregung wegen der leckeren Mahlzeit springt, sollten Sie diese Übung ca. eine halbe Stunde nach der Mahlzeit durchführen, wenn er schon satt und zufrieden ist. Setzen Sie die Übung dann mit einem kleinen Nachschlag um.

Fehlerquellen:

Problem: *Der Welpe reagiert nicht freudig auf seinen Namen.*
Das hilft: Leiten Sie mit dem Namen immer positive Situationen ein. Vermeiden Sie es strikt, den Namen zu sagen, wenn Sie etwas unternehmen müssen, was Ihrem Welpen keinen Spaß bereitet oder etwas, vor dem er sich fürchtet. Nennen Sie ihn dann lieber einfach nur „Hund".

L1 KONZENTRATION: Auf einen Blick

Halten Sie den Welpen an kurzer Leine so, dass er bequem neben Ihnen stehen kann.

Warten Sie so lange, bis er Ihnen spontan einen Blick zuwirft. Belohnen Sie dieses Anschauen sofort mit Lob und einem Leckerchen oder Spiel.

Verlangen Sie vom Hund, dass er Sie vor allem, was er gerne machen möchte, einmal anschaut. Leinen Sie den Welpen ab, wenn es die Situation erlaubt.

Erlauben Sie ihm zur Belohnung, seiner Wunschbeschäftigung nachzugehen, hier dem Spiel mit Hundekumpels.

Durch gezielte Bindungsübungen werden Sie der Mittelpunkt der Welt Ihres Welpen.

So geht's

- **Übung für draußen:** Schulen Sie Ihren Welpen darin, Blickkontakt zu Ihnen aufzunehmen (Rückseite Schritt 1 und 2). Üben Sie dies an wechselnden Orten.

- **Übung für drinnen:** Bauen Sie beim Einsatz von Spielzeug oder Futter für einen kurzen Moment Spannung auf. Warten Sie geduldig, bis Ihr Welpe Sie kurz konzentriert anschaut und Ruhe hält. Belohnen Sie diese Kooperationsbereitschaft! Dehnen Sie schrittweise die Zeitdauer dieser Übung aus. Ignorieren Sie kommentarlos unruhiges oder forderndes Verhalten.

- **Übung „Wie fröhlich ist mein Hund?“:** Versuchen Sie Ihren Welpen in eine positive Stimmung zu versetzen. Ziel ist, den Hund zum Wedeln zu bringen. Wie ist egal. Versuchen Sie Ihr Glück mit Futter, Spielzeug, lustigen Gesten, Quietschlauten, Worten oder, oder, oder. Alles ist erlaubt!

- **Aufbau längerer Konzentrationsphasen:** Zeigen Sie dem Welpen, dass Sie Futter oder Spielzeug bei sich haben. Setzen Sie sich nun rückwärts laufend in Bewegung. Belohnen Sie den Welpen, wenn er Ihnen folgt und auf Sie zuläuft, für jeden Blickkontakt!
- Drehen Sie sich dann ohne anzuhalten um und beobachten Sie weiterhin den Hund, der nun seitlich neben Ihnen läuft. Behalten Sie das Schema: „jeder Blick ein Häppchen“ bei. „Je mehr Leckerchen Sie ausgeben mussten, desto besser hat diese Übung geklappt!
- Steigern Sie bei schon guten „Guckern“ dann den Anspruch und reduzieren Sie die Anzahl der Leckerchen wieder, indem Sie nur noch unregelmäßig alle ein bis fünf Schritte den Blickkontakt belohnen. Wenn auch das gut gelingt, kann die Zeitdauer der Übung ausgedehnt werden.

17 AUSDRUCKSVERHALTEN: Drohen

Erkennen Sie, wann Ihr Hund Drohverhalten zeigt

9

Hohe Erregungslage aus Unsicherheit, Körperschwerpunkt hinten

Unsicheres Drohverhalten, angelegte Ohren, angeklemmte Rute, viel Zahn und Zahnfleisch sichtbar, lange spitze Maulwinkel

Unsicheres Drohverhalten, höhere Erregungslage, schnellere Bereitschaft für Angriff oder Flucht

10

11

Selbstsicheres Drohverhalten, nach vorne gerichtete Ohren und Blick, Körperschwerpunkt vorne, enge und runde Maulwinkel, wenig Zahn oder Zahnfleisch sichtbar

Selbstsicheres Drohverhalten, Körperschwerpunkt vorne, Angriffsbereitschaft

12

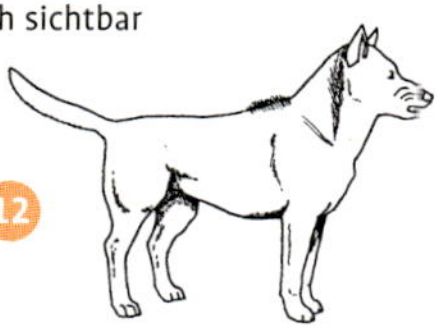

13

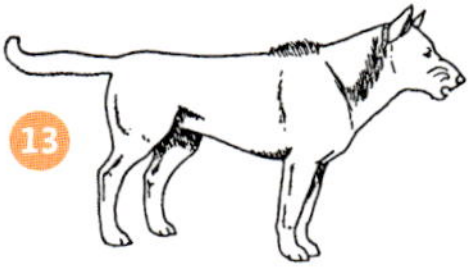

Im Alltag kommt es je nach Situation zu schnell wechselnden Übergängen der Körperhaltung. Vor allem Wechsel zwischen 1 und 2, 1 und 5, 4 und 7, 2 und 5 oder 12 und 9 sind häufig.

Infokarte 17: AUSDRUCKSVERHALTEN

Lernen Sie die Körpersprache Ihres Hundes kennen

Neutrale, lockere Haltung

1

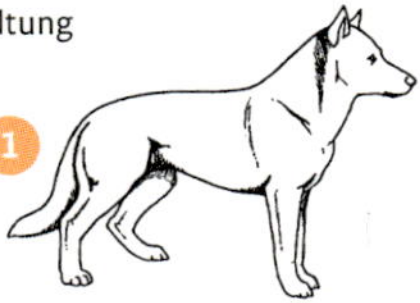

Aufmerksamkeit, geringe Erregungslage

2

Lockere, bewegungsbereite Körperhaltung

3

Spielaufforderung

4

Unsicherheit, Ohren nach hinten, Bürste auf dem Rücken, hängende Rute

5

Unsicher bis ängtslich, freundlich-submissive Beschwichtigung, „Demutsgeste“

6

Aktive Unterwerfung

7

Passive Unterwerfung, ggf. mit Urinieren

8

WELPENSPIELGRUPPE: Checkliste

1 **GESUNDHEIT:** Wichtig ist, dass im Welpenkurs nur **gesunde Hunde** teilnehmen und die Gruppenleitung dies kontrolliert. Da leider der Zeitpunkt der bestmöglichen Sozialisation (bis zur 12. Lebenswoche) auch die Zeit des schlechtesten Impfschutzes ist, muss man Risiko und Nutzen streng gegeneinander abwägen. In den meisten Fällen ist es ein tragbares Risiko, den Hund nach der ersten Impfung an einem Welpenkurs teilnehmen zu lassen, vorausgesetzt dass die anderen Teilnehmer ebenfalls gesund sind. Der Gruppenleiter sollte streng darauf achten, dass keine Tiere mit Nasen- oder Augenausfluss, Husten, Schnupfen oder Durchfall an der Spielstunde teilnehmen. Falls während der Gruppe derlei Dinge auffallen, sollte der Gruppenleiter die betroffenen Welpen für diesen Tag von der Teilnahme am Unterricht ausschließen.

2 **SPIELEN:** Das freie Spiel der Welpen untereinander ist der Kernpunkt der Welpenspielgruppen.

3 **GEHORSAM:** Nebenbei sollten aber auch immer die Konzentration auf den Besitzer und bereits **erste Gehorsamsübungen** trainiert werden.

4 **UMWELTABENTEUER:** Ein toller Service der Hundeschule ist es, pro Gruppenstunde die Welpen auch an ein spezielles Umweltabenteuer heranzuführen. Dies bedeutet aber auch immer einen Mehraufwand für den Trainer, was sich in den Kosten widerspiegeln kann.

Tipp!

Nutzen Sie die Möglichkeit, sich ein Bild vom Aufbau und Angebot der Welpengruppe zu machen. Eine Probestunde ist meist kostenlos. Ideal ist dies vor dem Einzug des neuen Mitbewohners, denn wenn Ihr Welpe schon dabei ist, können Sie den Trainer nicht in Ruhe bei seiner Arbeit beobachten.

Infokarte 16: WELPENSPIELGRUPPE

INFO: In den meisten Städten werden so genannte „Welpengruppen“ angeboten. Aber Vorsicht: Das Angebot, die Qualität, weiterführender Service und die Kosten unterscheiden sich erheblich. Fragen Sie den Trainer deswegen vor der Buchung eines Kurses nach seiner Aus-, Fort- und Weiterbildung sowie der angewandten Methodik und melden Sie Ihren Welpen nur dann an, wenn Sie Kompetenz und Auftreten des Gruppenleiters rundum überzeugen.

WICHTIG: Die Hunde sollten streng nach Alter sortiert werden, so dass keine wilden Junghunde die Welpengruppe sprengen oder aufmischen können. Mobbingsituationen sollten in den Gruppen vermieden werden. Jedoch ist ein zu frühes Eingreifen in Streitsituationen von Trainerseite her auch nicht immer sinnvoll, denn in kleineren Kabbeleien kann der Welpe lernen, wie er Auseinandersetzungen mit Artgenossen klärt – auch dies ist ein guter Lerninhalt.

Sobald den Welpen die Geräte vertraut sind, werden sie im Spiel ganz selbstverständlich benutzt.

15 KINDER UND WELPEN: Richtiger Umgang

SO GEHTS:

Binden Sie die Kinder in Übungen mit dem Hund ein, dann haben Sie gut im Blick, wie beide miteinander umgehen – Sie müssen dies jedoch immer gut beaufsichtigen. Auch kleine Kinder können dabei schon mitmachen und z.B. lernen, dem Hund ein Leckerchen **auf der flachen Hand** zu reichen und/oder ihn über ein Sichtzeichen SITZ machen zu lassen.

Achtung!

Kinder sollten grundsätzlich **keine Befugnis** bekommen, Korrekturen am Hund vorzunehmen, dies führt schnell zu kritischen Situationen. Lassen Sie die Kinder lieber an Übungen teilnehmen, die dem Hund Spaß machen, wie die SITZ-Übung oder das Rückruftraining. Auch an der Umsetzung von Kunststücken wie Pfötchen geben haben Kinder viel Freude (→ **Lernkarte 13**).

KONTROLLÜBUNG:

Die fröhlichen Bewegungen und schrillen Kinderlaute animieren viele Welpen zum Mithopsen. Um **Missverständnisse** zwischen beiden erst gar nicht aufkommen zu lassen, bietet sich eine schöne Kontrollübung an:

1. Das Kind wird aufgefordert, lustig durch den Raum zu hüpfen. Der Welpe, der anfangs **angeleint** ist, bekommt währenddessen von Ihnen dicht an Ihren Beinen ein Leckerchen, wenn er Sie anschaut.

2. Das nächste Mal soll das Kind nicht hüpfen, sondern komische Laute von sich geben usw. Der Hund lernt bei dieser Übung, **Ruhe zu bewahren** und sich nicht vom tobenden Kind ablenken zu lassen.

3. Wenn der Welpe diese Übung beherrscht, können auch **Freunde der Kinder** mitmachen. Bleibt der Welpe gelassen und ruhig, können Sie dies auch ohne Leine trainieren.

Infokarte 15: KINDER UND WELPEN

INFO: Oft sind einige Hürden zu nehmen, damit Kind und Hund ein gutes Team werden, denn die Mischung kann recht explosiv sein. Je nach Temperament auf Kinder- oder auf Hundeseite haben Sie es im Einzelfall leichter oder schwerer. Beide Parteien erwarten, dass ihr Gegenüber wie ihresgleichen reagiert und die von ihnen jeweils angewandte Kommunikation verstanden und entsprechend beantwortet wird. Da dem leider nicht so ist, haben Sie als Erwachsener alle Hände voll zu tun, damit beide Seiten gleichermaßen auf ihre Kosten kommen.

SO GEHTS: Wenn Sie weder eigene noch Kinder im Bekanntenkreis haben, Ihrem Welpen aber einen guten Start durch eine breite Sozialisation geben wollen, ist es sinnvoll, zu einem Kindergarten oder einer Schule Kontakt aufzunehmen oder dort ein Kontaktgesuch auszuhängen. Es lassen sich fast immer Eltern finden, die ihrem Kind den Umgang mit Hunden gestatten und bereit sind, bei einer solchen Übung zu helfen.

Diese beiden sind schon ein eingespieltes Team. Der Welpe bekommt das Leckerchen für das artige Sitzen ganz korrekt von der flachen Hand gefüttert.

Wichtig!
Kleinere Kinder sollte man nicht mit dem Hund unbeaufsichtigt lassen, auch wenn er noch ein Welpe ist. So kann sich keine der Parteien unerwünscht verhalten.

ENTSPANNUNGSÜBUNGEN: Massage

INFO: Eine **Streichelmassage** – vor allem, wenn die Bewegungen sanft sind und von unten geführt werden – ist gut zur Entspannung geeignet. Diese Maßnahme kann jedoch nur zum Relaxen eingesetzt werden, wenn sie dem Hund schon als Übung vertraut ist. Es lohnt sich daher, mit dem Welpen ein derartiges **Massageritual** zu üben.

Tipp!
Da Hunde sehr gut **ortsbezogen lernen**, können Sie die Massage auch auf der Tierarztdecke (➔ **Erlebniskarte 15**) durchführen, damit der Hund diese Decke gleichzeitig immer mit etwas Angenehmem verknüpft und dort leichter Ruhe findet.

SO GEHTS:

1. Als ersten Schritt für das Entspannungstraining muss der Welpe lernen, **Berührungen** an allen Körperteilen zu genießen. Üben Sie anfangs recht kurz und möglichst in Momenten, in denen sich der Welpe sowieso kaum noch wach halten kann, denn dann ist ein positives Erleben garantiert.

2. Setzen Sie das Entspannungstraining auch nach gezielt gesetzten Auszeiten ein. Üben Sie das Festhalten in der Seitposition als Übung zur **Selbstkontrolle in Erregungslagen**. Lockern Sie Ihren Griff, wenn Sie merken, dass er sich zunehmend entspannt, und kraulen Sie den Welpen am Bauch.

3. Scheuen Sie sich nicht vor **leichtem Zwang**, um dem Welpen Ruhe zu vermitteln. Setzen Sie sich beispielsweise gemütlich hin und halten Sie den Welpen angeleint bei sich. Geben Sie ihm nur wenig Spielraum, so dass Liegen die bequemste Position ist. Warten Sie, bis er von selbst zur Ruhe kommt. Loben Sie ihn dann sanft.

Infokarte 14: ENTSPANNUNGSÜBUNGEN

INFO: Wenn der Welpe einmal ängstlich reagiert, sehr erregt und aufgewühlt ist oder wenn er etwas Unangenehmes erleben musste ist es sinnvoll, ihn möglichst schnell wieder entspannen zu können. **Entspannung** und positive emotionale Verknüpfungen sind trainierbar. Je nachdem, was passiert ist, möchte man den Welpen

- schnell wieder fröhlich stimmen
- oder ihn zur Ruhe kommen lassen.

SO GEHTS: Einige körperliche Maßnahmen sind **Anti-Stressoren**, die man z.B. nach einem Angsterlebnis einsetzen kann. Besonders wirkungsvoll ist das **schnelle Rennen**. Bieten Sie Ihrem Welpen nach Schreckmomenten hierzu Gelegenheit. Wenn er nicht von selbst auf die Idee kommt, einfach einmal loszuflitzen, können Sie gemeinsam mit ihm rennen. Achten Sie dabei unbedingt darauf, keine bedrohlichen Körpergesten einzusetzen, also nicht mit den Armen zu schlenkern oder zu hüpfen.

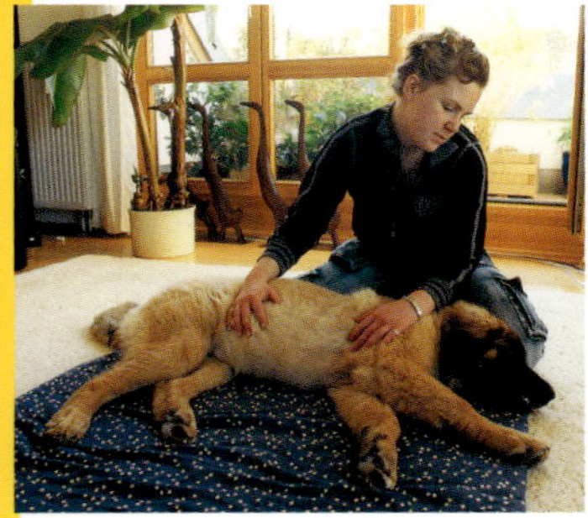

Tipp!

Zu Hause kann auch **Kauen** an einem leckeren Schweineohr, Kauknochen o.Ä. gut als Anti-Stressor bzw. als Entspannungsmaßnahme eingesetzt werden.

Durch eine angenehme Massage kann das Vertrauensverhältnis gestärkt werden.

13 HOHE ERREGUNGSLAGE: Maßnahmen

1 Bedenken Sie: Durch die mangelnde **Konzentrationsfähigkeit** des Welpen in der Erregungslage ist jedwede Ermahnung von vornherein sinnlos.

2 Um eine Auszeit umzusetzen kann der Welpe wahlweise in die Box verbracht oder in seiner Bewegungsfreiheit eingeschränkt werden.

3 **Sicher fixieren:** Bei der Einschränkung der **Bewegungsfreiheit** müssen Sie den Hund kommentarlos festhalten und geduldig warten, bis sein „Anfall" vorüber ist und er sich wieder beruhigt hat. Schimpfen Sie bei dieser Maßnahme nicht mit dem Welpen, ganz gleich wie wild und unwillig er sich gebärdet, denn das wäre Aufmerksamkeit am falschen Platz.

4 **Schützen Sie sich** beim Festhalten des Welpen gut vor seinen Milchzähnen (Foto), denn ein aufgekratzter Welpe kann in diesen Momenten wahllos um sich schnappen.

5 Warten Sie geduldig, bis Ihr Welpe mit dieser Zwangsmaßnahme wirklich **Ruhe gefunden** hat, sich nicht mehr wehrt und sich seine Muskulatur langsam entspannt.

6 Jetzt hat er sich eine **Belohnung verdient**. Wenn Sie den Welpen im Rahmen der Zwangsmaßnahme hochgenommen haben, stellt das Absetzen auf dem Boden schon eine gewisse Belohnung dar.

Tipp!

Ein Kauspielzeug als zusätzliche Belohnung lenkt die Resterregung auf eine entspannende Beschäftigung wie das Kauen um.

Infokarte 13: HOHE ERREGUNGSLAGE

INFO: Welpen haben mindestens einmal am Tag ihre wilden fünf Minuten. Je nach Charakter des Hundes oder Tagesform stellen sie sich als Spiel- und Rennanfälle oder als regelrechter Amoklauf dar. Dies gehört zu einer normalen Entwicklung durchaus dazu. Trotzdem sollten Sie ein wachsames Auge auf den Welpen haben, wenn er sehr aufgeregt ist, denn in Momenten hoher Erregungslage haben Sie nur wenig oder gar keine Kontrolle über den Hund. **Konzentration** ist in diesen Situationen für den Vierbeiner kaum möglich. Grundsätzlich geht eine hohe Erregung auch immer mit der Tendenz einher, schneller aggressiv zu reagieren. In der Aufregung denkt der Hund sozusagen nicht mehr lange nach, bevor er sich zur Wehr setzt.

Bei hoher Erregungslage können Sie sich den Welpen auf die Hüfte setzen und ihn kommentarlos festhalten, bis er ruhig wird. Halten Sie ihn so tief, dass er nicht nach Ihnen schnappen kann.

Wichtig!
Wenn man bemerkt, dass der Hund in einem seiner Spielanfälle in Richtung Amoklauf tendiert, schnell zuschnappt und nicht zur Ruhe kommt, ist es durchaus angebracht, sanften Zwang in Form einer **Auszeit** anzuwenden.

12 AGGRESSIVE REAKTIONEN: Maßnahmen

1 Vermeiden Sie es strikt, mit dem Welpen zu **streiten**, wenn er aggressive Reaktionen zeigt.

2 Lassen Sie den Welpen einfach stehen, wenn er Sie **bedroht**. Stellen Sie dann sofort einen speziellen Übungsplan auf.

3 Sie müssen die Umstände und Problemfelder genau **analysieren**, in einzelne Elemente aufteilen und diese dann zunächst getrennt voneinander auf einfachstem Niveau üben.

4 Überlegen Sie, wie Sie die Situation entschärfen können. Hat sich der Welpe bedroht gefühlt, z.B. durch Ihre Körperhaltung? Hat sich der Welpe gefürchtet, etwa vor einem ihm unbekannten Gegenstand? Hatte der Welpe eine „Beute", die er verteidigte?

5 Nach und nach kann die Übungssituation **in kleinen Schritten** dann immer schwieriger und der Alltagssituation wieder ähnlicher gemacht werden, bis der Hund schließlich die Gesamtsituation meistert. **Ziel ist**, dass sich der Hund künftig auf die Situation freut, in der er früher aus Stress und Überforderung aggressives Verhalten gezeigt hat.

6 Die Verknüpfungsreihenfolge der **Anti-Aggressionsübungen** entspricht der Grundübung des **Emotionstrainings**, das auf der → Lernkarte 12 beschrieben ist. Der Welpe muss zunächst den Reiz, der die negativen Emotionen auslöst, wahrnehmen und bekommt direkt danach etwas, was ihn in freudige Stimmung versetzt.

7 Im Anschluss an die Anti-Aggressions-Übungen können **Anti-Stresssübungen** (→ Infokarte 14) eingesetzt werden, um den Welpen wieder zu entspannen.

Tipp!
Je kleiner die Einzelschritte im Übungsplan sind, desto schneller stellt sich der Erfolg ein. Gestaltet sich die Aufstellung des Spezialübungsprogramms schwierig, ist es sinnvoll, sich professionelle Hilfe bei einem auf Verhaltenstherapie spezialisierten Tierarzt zu holen.

Infokarte 12: AGGRESSIVE REAKTIONEN

INFO: Zur normalen Entwicklung des Welpen gehört auch das Ausprobieren aggressiver Verhaltensweisen (→ Infokarte 17). Drohverhalten ist meist nicht gern gesehen, objektiv betrachtet aber ein wichtiger Bestandteil der normalen Kommunikation des Hundes. Durch Knurren und Zähnefletschen signalisiert er seinem Gegenüber, dass ihm etwas gegen den Strich läuft und warnt, dass er bei weiterer Annäherung gegebenenfalls auch beißen wird. Diese Warnung kann man durchaus als positive Eigenschaft werten.

STIMMUNG ÄNDERN: Wenn dem Welpen irgendetwas, das ihn ängstlich oder aggressiv stimmt, vertraut gemacht werden soll, muss beim Übungsaufbau strikt eine zeitliche Abfolge eingehalten werden. Dem Problemreiz muss binnen einer Sekunde etwas besonders Attraktives folgen. Auf diese Weise erreicht man, dass sich der Welpe bald auf die Situation freuen wird, weil er als Auskommen etwas Gutes erwartet. Hilfreich ist es außerdem, wenn man den Reiz, der dem Hund anfangs Probleme bereitet, zunächst in geringer Intensität (Distanz, Qualität des Objektes o.Ä.) präsentiert.

SITUATION PRÜFEN: Bei der Welpenaufzucht und -förderung sollte das Augenmerk weniger auf das – längerfristig betrachtet – unerwünschte Aggressionsverhalten geworfen werden, sondern vielmehr auf die Gesamtsituation. Wenn der Hund es nötig hat aggressiv zu reagieren, ist er mit der Situation sozial überfordert. Der Welpe befindet sich in einer Stresssituation, in der er keinen anderen Ausweg sieht als Drohverhalten einzusetzen und sich nötigenfalls auch aggressiv zu verhalten.

Wichtig!
Vermitteln Sie Ihrem Welpen über einen geschickten Übungsansatz, dass die Situation als solche für ihn ein positives Auskommen hat und es gar nicht erforderlich ist, aggressiv zu reagieren. Im Klartext: Überlagern Sie das Gefühl von Wut mit Freude.

11 STRESS UND ANGST: Die einzelnen Schritte

1 Verkneifen Sie es sich, den Welpen zu beruhigen, wenn er sich fürchtet. Da Hunde sich untereinander nicht trösten, interpretieren sie unsere **Beruhigungsversuche** falsch. Die beste Maßnahme in solchen Momenten ist es, dem Hund in diesem Fall keine zusätzliche Aufmerksamkeit zu schenken.

Tipp!
Bedenken Sie: Je ruhiger und selbstsicherer Sie auftreten, desto mehr Sicherheit strahlen Sie auf Ihren Hund ab.

2 Halten Sie Ihren Welpen fest, wenn Sie befürchten, dass er **panisch weglaufen** könnte.

3 Falls möglich, sollten Sie die Situation entschärfen, indem Sie sich ein wenig zurückziehen. Aus der **Entfernung** sieht auch für den Welpen die Angelegenheit oft nicht mehr so schlimm aus.

4 Stellen Sie zu Hause in Ruhe einen **speziellen Übungsplan** für die Situation auf, in der Sie Angstverhalten bei Ihrem Hund beobachten konnten. Versuchen Sie die Situation zu analysieren und in Einzelteile zu untergliedern, siehe auch → **Infokarte 12**.

5 Üben Sie in den nächsten Tagen diese **einzelnen Schritte**. Wagen Sie sich erst dann wieder an die Gesamtsituation heran, wenn alle Details gut gelingen und der Welpe fröhlich und angstfrei reagiert. Das Lieblingsspielzeug und Superleckerchen sollten stets zur Hand sein.
Setzen Sie nach einem stressreichen Erlebnis Anti-Stress-Maßnahmen (→ **Infokarte 14**) ein.

Tipp!
Verlangen Sie nicht zu viel von Ihrem Welpen. **Belohnen** Sie ihn z.B. schon, wenn er zwei Meter bereitwillig in eine “Problemrichtung” mitgeht, und kehren Sie dann um. Am nächsten Tag können es drei Meter sein. Immer unterhalb der Angstgrenze des Welpen zu bleiben ist enorm wichtig, denn andernfalls machen Sie ihn nur immer misstrauischer!

Infokarte 11: STRESS UND ANGST

INFO: Fast jeder Welpe kommt einmal in eine Situation, in der er sich vor etwas fürchtet, gestresst ist und Angstreaktionen zeigt. Ob Ihr Welpe sich in einem solchen Zustand befindet, können Sie an seinem **Ausdrucksverhalten** erkennen.

Angst- und Stresssymptome sind:

- geduckte Haltung,
- eingeklemmte Rute,
- nach hinten angelegte Ohren,
- Hecheln (unabhängig von der Temperatur
- Verweigerung beliebter Leckerchen.

Tipp!

Wenn Sie unsicher sind, wie Sie die Übungen auf der Rückseite gestalten können, sollten Sie professionelle Hilfe durch einen Tierarzt, der auf Tierverhaltenstherapie spezialisiert ist, oder einen modernen und in diesem Feld erfahrenen Hundetrainer in Anspruch nehmen. Ein „harmloses“ Angstproblem ist manchmal der Grundstein für ein Aggressionsproblem im Erwachsenenalter. Ein schüchterner oder ängstlicher Welpe braucht wesentlich mehr, aber wohldosierte Förderung, um das gleiche Maß an positiven Verknüpfungen zu erfahren, da die Angst das Lernen blockiert.

Ungewohnte Geräusche, Situationen und optische Reize können Stress beim Welpen auslösen. Bleiben Sie dann cool und trösten Sie ihn nicht.

BELOHNUNGEN: Aufbau eines Lobwortes

1 Worte bedeuten Hunden zunächst nichts. Wenn man einen Hund mit der Stimme loben will, muss man ihm die **positive Bedeutung** der Worte verdeutlichen. Benutzen Sie das von Ihnen gewählte Lobwort anfangs zusätzlich zu einer Futter- oder Spielzeugbelohnung, um dem Hund die Bedeutung zu verdeutlichen. Sprechen Sie es in einem fröhlichen Tonfall aus – immer kurz bevor der Welpe die wertvollere andere Belohnung erhält.

2 In Worte wie „prima“, „gut so“ oder „fein“ kann man leicht einen positiven Klang legen. Nach einigen hundert derartigen Kopplungsübungen kann man das Lobwort in späteren Übungseinheiten als verbales Lob benutzen, auch ohne Leckerchen oder Spielzeug einzusetzen.

Wie wär’s mit Clickertraining?

Wenn Sie sich von dem in vielen Übungen schwer einzuhaltenden Verknüpfungslimit von einer Sekunde zwischen Handlung und Belohnung frei machen wollen, ist der Clicker das ideale Trainingshilfsmittel. Der Aufbau des Clickers erfolgt genauso wie der Aufbau eines Lobwortes. Im Gegensatz zum Lobwort erhält der Hund nach dem „Click“ später aber immer auch sein Leckerchen. Der Clicker dient nur als Marker, für welche Handlung er das Leckerchen dann zeitverzögert bekommt. Mehr Informationen zu dieser interessanten Trainingsmethode finden Sie in Büchern zum Thema Clickertraining.

Infokarte 10: BELOHNUNGEN

INFO: Auch der Einsatz von Belohnungen will wohl überlegt sein. Futter und Spiel eignen sich in besonderer Weise, denn im Rahmen der normalen Verhaltensentwicklung ist der Welpe von beidem abhängig. Futterbelohnungen sind dann besonders attraktiv, wenn sie weich, sehr schmackhaft und aus praktischen Aspekten recht klein sind.

SO GEHTS:

1. Futterbelohnungen: Setzen Sie in allen **neuen und schwierigen Übungen** die Lieblingsbelohnung Ihres Welpen ein, um ihm zu zeigen, wie toll er reagiert hat. Für **einfache Übungen** ohne Ablenkung darf es aber auch mal nur ein Trockenfutterstückchen sein, das Sie aus der täglichen Ration abzweigen. Sparen Sie anfangs nicht mit Belohnungen, denn nur mit reichlich Bestätigung gewinnt Ihr Hund Sicherheit in den Übungen. Später gibt es gute Belohnungen nur noch für beste Leistungen (→ **Lernkarte 12**).

2. Spielzeugbelohnungen: Hier kommt es für den Welpen auf die Attraktivität an. Fell- oder Gummispielzeuge mit Kordelstrippen als Angriffspunkte zum Reinbeißen sind sehr beliebt. Achten Sie bei der Auswahl des Spielzeugs darauf, dass auch Sie es gut festhalten und ziehen können, um dadurch das Spiel zu lenken und zu kontrollieren.

Tipp!

Wenn Ihr Hund gut auf die Futterbelohnung reagiert, können Sie Teile seiner Mahlzeit statt aus dem Napf während des Trainings verfüttern. Dies dient auch der geistigen Beschäftigung und er lernt: „Ohne Fleiß kein Preis“.

Diese Leckerchen sehen zwar nett aus, sind aber für ein Welpentraining ungeeignet, da sie zu groß und hart sind. Der Welpe muss dann kauen, was den Trainingsfluss stört.

KORRIGIEREN: Die einzelnen Schritte

1 Legen Sie sich ein Leckerchen auf die flache Hand und bieten Sie es dem Welpen an. Lassen Sie ihn nach diesem Schema einige Häppchen fressen.

2 Schließen Sie dann beim 6. oder 7. Leckerchen – kurz bevor der Hund es erreichen kann – die Hand und sagen Sie dabei z.B. PFUI. Schenken Sie dem Welpen keine weitere Beachtung und wiederholen Sie nicht das Kommando, wenn er versucht das Leckerchen aus der Hand herauszuwühlen. Belohnen Sie ihn, sobald er Sie anschaut, von der Hand zurückweicht oder sich zu Ihrer anderen Hand hin umorientiert. Wiederholen Sie diese Übung dann noch einmal.

3 Binden Sie später auch andere Menschen in diese Übung ein, die dem Welpen, nachdem Sie **PFUI** gesagt haben, das Lockmittel auf keinen Fall geben! Das PFUI wird für den Welpen somit zum Warnsignal, dass er keinen Erfolg haben wird.

4 Wenn der Welpe eine erste Verknüpfung hergestellt hat, wird die Übung an **Unrat auf dem Gehweg** trainiert. Um zu verhindern, dass sich der flinke Welpe den Müll einverleibt, weil er noch nicht zuverlässig auf das Korrekturwort reagiert, sollte zuerst an der Leine geübt werden.

Tipp!
Im Alltag ist NEIN kein ideales Korrektursignal, denn dieses Wort hört ein Hund häufiger ohne überhaupt gemeint zu sein. Achten Sie bei der Wahl der Kommandos immer auch auf solche Feinheiten.

Dieser Welpe reagiert schon umgehend auf die Korrektur und wendet sich der anderen Hand zu, wo er die Belohnung bekommt.

INFO: Verzichten Sie im Umgang mit Ihrem Welpen auf körperliche Strafen oder andere Machtdemonstrationen wie z.B. ihn anzuschreien!

Wichtig!
Für Strafen gelten dieselben Lerngesetze wie für das Loben: Sie haben für den Einsatz einer Strafe nur etwa eine Sekunde Zeit, danach kann der Hund die Strafe nicht mehr mit seiner „Untat" in Verbindung bringen. Alleine diese Tatsache begrenzt den sinnvollen Einsatz von Strafen erheblich.

SO GEHTS: Stecken Sie Tabus ab, indem Sie Ihren Welpen strikt ignorieren, wenn er nur den Ansatz für ein unerwünschtes Verhalten zeigt. Bei schweren und gefährlichen Vergehen, die nicht ignoriert werden können, sollten Sie eine indirekte Strafe in Form eines Schreckreizes einsetzen. Binden Sie z.B. eine Blechbüchse voller Kieselsteine an ein Käsestück, wenn Ihr Hund vom Tisch klaut: Der Lärm wird ihn ordentlich erschrecken! Auf diese Weise lernt der Hund aus der Situation heraus. Sie treten nicht als derjenige in Erscheinung, der die Strafe umsetzt.
Um dem Welpen zu vermitteln, wann er sich unerwünscht verhält, sollten Sie ein so genanntes Korrektursignal aufbauen. Vermeiden Sie aber, das Signal (z.B. PFUI, SCHLUSS) einzusetzen, bevor Ihr Hund es sicher beherrscht.

Belohnen Sie den Welpen, wenn er Sie anschaut, auch wenn er vorher etwas Unerwünschtes getan haben sollte.

Unerwünschtes verhindern

Neben den **zielgerichteten Übungen**, in denen wir dem Hund bestimmte Verhaltensweisen beibringen, ist es genauso wichtig, **unerwünschte Dinge** zu verhindern. Oft lassen sich unerwünschte Verhaltensweisen über einfache Managementmaßnahmen kontrollieren. Ein Beispiel ist die Transportbox beim Training der Stubenreinheit (→ Infokarten 2 und 6).

Erwünschtes fördern

Nehmen Sie dem Welpen die Chance, unerwünschte „Hobbys" zu entwickeln! Leiten Sie ihn lieber mit über den Tag verteilten Übungen und strengen, aber hundelogischen Spielregeln an, ein Meister im Bravsein und gutem Gehorsam zu werden. Bedenken Sie aber, dass er **erst lernen muss**, wie er sich in den verschiedenen Situationen zu Ihrer Zufriedenheit verhalten soll!

1. ÜBUNG gegen das Anspringen von Familienmitgliedern:
Die sinnvollste Trainingsmaßnahme ist in diesem Fall den Welpen für das Anspringen konsequent **zu ignorieren**! Vermitteln Sie ihm durch das Ignorieren, dass es Feedback nur gibt, wenn er mit vier Pfoten gut geerdet ist.

2. ÜBUNG gegen das Anspringen von Fremden unter Einsatz der Leine als Managementmaßnahme: Stellen Sie sich, **bevor** der Welpe die Chance hat eine Person anzuspringen, so auf die Leine, dass er ohne Zug auf dem Halsband aufrecht stehen kann, aber **keinen Spielraum** nach oben hat. Er lernt dadurch schnell, dass Hüpfen sich nicht lohnt – besonders wenn Sie dafür sorgen, dass er mit dem „zwangsbraven" Verhalten trotzdem positive Kontakte mit den anderen Menschen knüpfen kann.

INFO: Um zu erreichen, dass ein Hund freudig und zuverlässig die erlernten Kommandos ausführt, ist ein Übungsaufbau über **positive Bestätigung** erforderlich. Dabei wird erwünschtes Verhalten verstärkt und unerwünschtes nicht beachtet.

SO GEHTS: Zeigen Sie dem Welpen in jeder Lebenslage freundlich und geduldig, was Sie von ihm erwarten.

- **Beispiel 1:** Wenn Sie nicht möchten, dass er an der Leine zieht, müssen Sie ihm vermitteln, dass beim Laufen an der Leine der schönste Platz dicht an Ihrer Seite ist (→ **Lernkarte 11**).
- **Beispiel 2:** Wenn Sie nicht möchten, dass er Schuhe oder Möbel anknabbert, müssen Sie ihm ein attraktives Spielzeug geben und ihn über den Tag verteilt damit zum Spielen animieren. Loben Sie ihn stets, wenn er sich alleine mit dem Spielzeug beschäftigt. So verstärken Sie seine Begeisterung für das Spielzeug.
- **Beispiel 3: Anspringen.** Wenn Sie nicht möchten, dass er Menschen bei der Begrüßung anspringt, verhindern Sie dies durch die Leine oder indem Sie ihn rechtzeitig mit einem Leckerchen ablenken. Bitten Sie die Leute, den Hund nur zu begrüßen, wenn er artig sitzt.

Hier wird die Leine mit dem Fuß so fixiert, dass dem Welpen artiges Sitzen ohne Zug am Halsband möglich ist. Anspringen von Personen wird aber effektiv verhindert.

RANGORDNUNG: Die einzelnen Schritte

1 **Guter Chef sein:** Handeln Sie, auch wenn einmal etwas schief läuft, wie ein echter Meister. Ein souveräner Rudelführer regt sich über nichts auf, ist immer gerecht und muss sich nicht über aggressive Handlungen profilieren. Um sich Respekt zu verschaffen müssen Sie den Hund also weder lautstark noch körperlich maßregeln.

2 **Umlenken:** Lenken Sie Ihren Welpen, wenn er ein Fehlverhalten zeigt, lieber auf eine erwünschte Verhaltensweise um, indem Sie ihn über Spiel oder Futter zu der alternativen Handlung motivieren. Es ist natürlich perfekt, wenn Sie den Welpen hierzu motivieren, **bevor** er überhaupt Gelegenheit hat, ein Fehlverhalten zu zeigen!

3 **Sicherheit vermitteln:** Achten Sie darauf, dass Ihr Welpe mit Ihnen immer einen besonders hohen Spaßfaktor verbindet, denn er soll sich **in Ihrer Nähe wohl fühlen**. Sparen Sie, wenn Ihr Welpe sich an Ihnen orientiert, nicht mit Qualitätsbelohnungen!

4 **Hilfe anbieten:** Gehen Sie bei der Umsetzung aller Übungen immer **konsequent** vor, aber seien Sie **nicht zu streng**. Reagieren Sie auf einen Fehler oder Misserfolg nicht mit einer Strafe, sondern mit einer Wiederholung der Übungssituation und gegebenenfalls mehr Hilfestellung, so dass Ihr Hund stets das angestrebte Lernziel erreichen kann. Auf diese Weise bleibt er ohne Furcht vor Fehlern oder Strafe und somit frei, auch eigenständig neue Dinge auszuprobieren. Dies ist die beste Basis für eine tolle Teamarbeit.

Tipp!

Achten Sie darauf, was der Welpe alles macht, was Ihnen gefällt, und vermitteln Sie ihm, wie sehr Sie sein braves Verhalten begeistert, statt auf Fehler und Missgeschicke zu reagieren. Diese entstehen schließlich vor allem dadurch, dass der Welpe noch nicht wissen kann, was erwünscht und was unerwünscht ist.

INFO: **Ignorieren** bedeutet: Den Hund nicht ansprechen, nicht angucken, nicht anfassen! Geben Sie dem Welpen das Gefühl von sozialer Sicherheit, indem Sie ihm Gruppenführerqualitäten beweisen. Hierzu zählt auch unerwünschtes Verhalten nicht zu bestrafen, sondern in vielen Fällen schlicht zu ignorieren. Natürlich soll auch der Welpe auf seine Kosten kommen! Aber die Regel lautet: **Sie bestimmen Beginn und Ende der gemeinsamen Aktivität**. Durch einen Abbruch im passenden Moment – bevor Ihr Hund die Lust verliert – steigern Sie seine Begeisterung für das Spiel.

SO GEHTS: Haben Sie immer ein wachsames Auge auf Ihren Welpen. Fordern Sie ihn zum Spiel auf, bevor er Sie auffordert. Streuen Sie im passenden Moment Übungen ein, um dem Welpen zu vermitteln, was Sie von ihm erwarten und um ihm zu zeigen, wie viel Spaß es macht, mit Ihnen Übungen zu erarbeiten – so kommt erst gar keine Langeweile auf. Dadurch gibt es auch weniger Momente, in denen der Welpe unerwünschten „Hobbys“ nachgeht. Er lernt, dass er sich stets an seinem tollen Chef orientieren kann.

Zeigt der Welpe unerwünschtes Verhalten, wie das Anspringen, sollten Sie ihn ignorieren, um das Verhalten nicht zu verstärken.

Tipp!

Fordert der Welpe Sie sehr aufdringlich (z.B. durch forderndes Anstupsen oder Bellen) zum Kontakt auf, reagieren Sie am wirkungsvollsten, indem Sie dieses Verhalten ignorieren. Alternativ können Sie ihn auch kommentarlos stehen lassen und den Raum verlassen.

1 Beseitigen Sie Missgeschicke in der Wohnung **kommentarlos in Abwesenheit** des Hundes. Reinigen Sie die Stelle unbedingt gründlich, damit kein Geruch zurückbleibt, der den Hund verleitet, diesen Ort wieder als Klo zu benutzen (→Infokarte 5).

Tipp!
Besser als mit Haushaltsreinigern oder Teppichschaum lassen sich Uringerüche in Teppichen und anderen Textilien mit enzymhaltigem Waschpulver beseitigen.

2 Um den Welpen in der Wohnung beim Sauberkeitstraining zu überwachen, können Sie sich der **Boxentechnik** (→Infokarte 2) bedienen. Dadurch wird er in Zeiten, in denen Sie ihn nicht zuverlässig beaufsichtigen können, auf sein Lager beschränkt. Auch Welpen bemühen sich meist redlich, ihr Lager nicht zu verunreinigen. Mit Hilfe der Box verhindern Sie einerseits Fehltritte Ihres Hundes in der Wohnung. Andererseits wird das Sauberkeitstraining beschleunigt, weil die meisten Welpen in der Box unruhig werden, wenn sie dringend müssen. Manche machen sogar durch **Fiepen** auf sich aufmerksam.

Das Schnüffeln am Boden ist ein Alarmsignal: Der Welpe muss sich dringend lösen. Bringen Sie ihn schnell nach draußen zum Löseplatz.

Infokarte 6: STUBENREINHEIT II

INFO: Ein kleiner Welpe ist körperlich noch nicht in der Lage, seine Schließmuskeln hunde(rt)prozentig zu kontrollieren. Wenn er muss, muss er in aller Regel sofort – auch wenn er sich gerade auf einem teuren Teppich aufhält. Achten Sie auf jedes kleinste Anzeichen! Nach dem Fressen, Schlafen und Spielen muss ein junger Hund immer raus!

ANZEICHEN:
Verdächtige Anzeichen sind:
- schnüffeln
- sich drehen
- sich wegstehlen!

Tipp!
Wichtig ist, dass Sie den Welpen nicht bestrafen, wenn einmal ein Missgeschick passiert. Denn er soll Ihre Anwesenheit immer als positiv empfinden. Erwischen Sie ihn auf frischer Tat, klatschen Sie in die Hände, um ihn dabei zu unterbrechen. Tragen Sie ihn dann sofort ins Freie, damit er dort sein Geschäft beendet.

WAS TUN? Nehmen Sie den Kleinen sofort auf den Arm, damit beim Rausgehen kein Missgeschick passiert.

Verzichten Sie auch auf Strafe, wenn Sie plötzlich eine Pfütze oder ein Häufchen in der Wohnung finden. Der Welpe kann keinen Zusammenhang zwischen der zurückliegenden Tat und der Strafe herstellen. Es hilft auch nicht, den Hund „zum Ort des Verbrechens“ zu zitieren.

Selbst durch eine Strafe während der Versäuberung lernt der Hund nicht, dass er sich für den falschen Ort entschieden hat! Er versteht nicht, dass sich die Strafe auf den Ort bezieht.

Merke!
Wurde ein Hund bei der Versäuberung in der Wohnung geschimpft, wird er in aller Regel versuchen, sich künftig nicht mehr vor den Augen des „unberechenbaren“ Besitzers zu lösen. Dies führt vor allem draußen, wo er sich doch lösen soll, zu Komplikationen und blockiert einen schnellen Trainingserfolg.

15 STUBENREINHEIT I: Die einzelnen Schritte

1 Verfahren Sie nach der Devise:
Loben, loben, loben, wenn der Welpe alles richtig macht! Durch dieses positive Feedback lernt der Hund schnell, dass es sich lohnt, sich draußen in Ihrer Anwesenheit zu erleichtern.

2 Hunde reagieren leicht auf bestimmte Schlüsselreize und lernen schnell bestimmte **Rituale**. Führen Sie den Welpen am Anfang des Spaziergangs immer an denselben Toilettenplatz.

3 Vermitteln Sie ihm, dass **zuerst die Pflicht** der Versäuberung ansteht und erst **dann der Spaß** losgeht. Er soll nicht lernen: “Wenn ich mich erleichtert habe, gehen wir wieder rein.“, sondern: „Danach gibt es etwas Schönes!“ Halten Sie sich also auch bei reinen „Pinkelrunden“ nach der Versäuberung noch ein paar Minuten länger mit dem Hund draußen auf und spielen Sie mit ihm.

Tipp!

Es ist sehr nützlich, dem Hund ein Versäuberungskommando beizubringen: Sagen Sie, sobald sich der Hund löst, hierzu immer ein spezielles Kommandowort. Nach einigen Wochen ist die Verknüpfung gefestigt. Setzen Sie Ihr Lo(e)sungswort dann so ein, dass Sie es kurz vor Erreichen eines geeigneten Ortes benutzen.

Achtung!

Hunde verknüpfen auch die Beschaffenheit des Untergrundes mit ihrer Handlung. Das bedeutet, wenn ein Hund mehrmals erfolgreich auf Rasen sein Geschäft verrichtet hat, wird er es auch in Zukunft dort versuchen. Er wird aber auch besonders gerne auf Teppichboden machen, wenn er auf diesem Untergrund schon öfter das Gefühl der Erleichterung erlebt hat!

Infokarte 5: STUBENREINHEIT I

DAS ZIEL: Der Hund soll im Rahmen des Sauberkeitstrainings lernen, draußen an speziell dafür vorgesehenen Orten seine Geschäfte zu erledigen.

WICHTIG: Achten Sie darauf, dass Sie viele Chancen haben, den Hund zu loben. Das heißt: Gehen Sie häufig und stets mit ihm zusammen raus (auch wenn es nur in den Garten geht), um gleich mit dem Lob zur Stelle zu sein, wenn er sich löst. Führen Sie ihn beim Spaziergang zuerst an seinen Toilettenplatz. Warten Sie dort, bis er sein Geschäft erledigt und loben Sie ihn dabei mit freundlicher Stimme, aber relativ leise, um ihn nicht zu unterbrechen. Direkt danach können Sie ihm auch ein kleines Leckerchen als Belohnung zustecken.

Tipp!
Legen Sie dem Welpen draußen an seinem Toilettenplatz als Geruchsanreiz ein Tüchlein aus, das seinen Uringeruch trägt.

Tipp!
Macht der Welpe beim Gassi-Gang binnen fünf Minuten keine Anstalten sich zu lösen, können Sie ihn zu Hause auf sein Schlaflager (→ Infokarte 2) bringen. Achten Sie darauf, dass er diesen Platz nicht verlassen kann. Da er sein Geschäft eingehalten hat, ist die Gefahr für Missgeschicke jetzt sehr groß! Versuchen Sie etwa eine halbe Stunde später erneut Ihr Glück.

Gehen Sie anfangs möglichst oft mit Ihrem Welpen nach draußen, damit er erst gar nicht in die Not kommt, sich drinnen lösen zu müssen.

ALLEINBLEIBEN: Die einzelnen Schritte

1 Üben Sie **frühzeitig**, das Zimmer zu verlassen und es gleich wieder zu betreten, bevor der Welpe unruhig wird. Gestalten Sie diese Übungen so, dass Ihr Welpe entweder intensiv mit einem (Futter-) Spielzeug beschäftigt oder sehr müde ist.

2 Wenn Sie merken, dass diese Übung Ihren Welpen stresst und er immer sofort hinter Ihnen herläuft oder jammert, muss das **Niveau** der Übung weiter heruntergeschraubt werden.

3 Üben Sie das **Nicht-Hinterherlaufen** dann zunächst im gleichen Zimmer. Binden Sie den Welpen an seinem Liegeplatz mit der Leine fest oder nutzen Sie die Box bei geschlossener Tür (→ Infokarte 2). Legen Sie ihm dann beim Umherwandern im Zimmer immer wieder kommentarlos ein Leckerchen auf seine Decke oder in die Box. Wenn er nach einer gewissen Zeit Ruhe findet und geduldig auf seine Leckerchen wartet, kann die Übung in kleinen Schritten erschwert werden, indem Sie sich etwas weiter vom Welpen entfernen und schließlich ganz kurz das Zimmer verlassen.

4 Verzichten Sie bei diesen Trennungsübungen sowohl auf ein Verabschiedungswort als auch auf freudige Begrüßungen des Hundes bei Ihrer Rückkehr. **Neutrales Verhalten** vermittelt dem Welpen, dass eine kurze Trennung eine ganz normale Angelegenheit ist.

5 Dehnen Sie die Phasen der Trennung in kleinen Schritten aus. Achten Sie aber von Anfang an auf die **ersten Anzeichen** einer Trennungsangst, z.B. unruhiges Verhalten beim Verlassenwerden, Bellen, Jaulen, Winseln, Erbrechen oder die Zerstörung von Gegenständen während des Alleinseins. Schrauben Sie in diesem Fall den Anspruch Ihrer Übungen zurück.

6 Üben Sie auch am Wochenende oder während Ihres Urlaubs mit dem Welpen immer wieder für kurze Zeit alleine zu bleiben, dann fällt ihm der Wechsel in die **„Normalität des Alltags"** nicht so schwer.

Infokarte 4: ALLEINBLEIBEN

INFO: Für einen Hund als Rudeltier ist es nicht nachvollziehbar, alleine in der Wohnung zurückzubleiben, während die anderen „Rudelmitglieder“ die Haustür hinter sich schließen, um z.B. zur Arbeit, zu Freunden oder zum Einkaufen zu gehen. Die Gefahr ist groß, dass der Welpe sich alleingelassen fühlt oder Panik bekommt, denn in der Natur wäre das Alleinsein sein sicherer Tod.

DAS ZIEL: Im Alltag wird Ihr Hund immer wieder allein zu Hause bleiben müssen. Deswegen sollten Sie dies bereits mit dem Welpen üben, damit keine Trennungsangst entsteht.

Tipp!
Gibt es Probleme beim Training des Alleinbleibens, sollten Sie sich frühzeitig an einen auf Verhaltenstherapie spezialisierten Tierarzt wenden.

Eine **Hundebox** (→ Infokarte 2) kann als Hilfsmittel beim Training zum Alleinbleiben gute Dienste leisten. Nach einer gewissen Eingewöhnungsphase ist die Box häufig der Lieblingsliegeplatz des Hundes, wo er sich geborgen fühlt.

Futterspielzeuge beschäftigen den Welpen, lenken ihn von der Abwesenheit des Menschen ab und und vertreiben ihm die Zeit des Alleinseins.

13 BEISSHEMMUNG: Die einzelnen Schritte

1 Benutzen Sie für wilde Balgereien nicht Ihre Hand, sondern setzen Sie ein Spielzeug ein. **Stofftiere** ohne Glas- oder Kunststoffaugen oder weiche, aber haltbare Gummispielzeuge, die sich gut festhalten lassen, sind für Welpen ideal.

2 Beenden Sie das Spiel sofort kommentarlos oder mit einem theatralischen Schmerzlaut, wenn Ihr Welpe zu **ruppig** war. Es gilt die Regel: „In Haut und Kleidung wird nicht gebissen!"

3 Eine **Auszeit** (➔Infokarte 13) ist sinnvoll, wenn Ihr Welpe in seinen "wilden fünf Minuten" durchdreht und Sie immer wieder „attackiert".

4 Üben Sie das **freudige Ausgeben** von Objekten und Futter (➔Lernkarte 5).

5 Verlangen Sie Höflichkeit, wenn Sie Ihrem Welpen Futter mit der Hand anbieten. Halten Sie ihm hierzu ein Leckerchen hin, das Sie wie ein Sandwich mit zwei Fingern umschließen. Solange Ihr Welpe mit seinen Zähnen Ihre Haut berührt und gierig nach dem Leckerchen gräbt, bekommt er es nicht! Erst wenn er **zurückhaltend wartet** oder nur noch mit der Zunge leckt, darf er es haben.

Achtung!
Diese Übung ist nichts für Kinder, denn Welpen können in ihrer Gier mit den spitzen Milchzähnen erhebliche Schmerzen verursachen.

6 Binden Sie, wenn Sie **Kinder** haben, diese ruhig in das Spiel mit dem Welpen ein, aber besprechen Sie vorher die **Spielregeln**. Vermeiden Sie unkontrolliertes Spiel der Kinder mit dem Welpen, denn hierbei lernen die Welpen schnell, Kinder übermütig zu verfolgen, sie anzuspringen oder nach fuchtelnden Armen oder zappelnden Beinen zu schnappen.

7 Zeigen Sie den Kindern, wie man einem Hund gefahrlos von flacher Hand ein **Leckerchen geben** kann.

Infokarte 3: BEISSHEMMUNG

INFO: Im Spiel zu beißen ist eine welpentypische Verhaltensweise. Im Umgang mit Artgenossen lernen Welpen ihre Zähnchen dosiert einzusetzen. Spielt der Welpe zu rau, wird sein Gegenüber entweder mit einem wütenden und schmerzhaften Gegenangriff oder Spielabbruch reagieren.

WICHTIG: Im Umgang mit uns Menschen ist ein intensives Training der Beißhemmung ebenfalls wichtig. Um auch beim erwachsenen Hund das Risiko möglichst klein zu halten, dass er irgendwann einmal einen Menschen beißt, sollte der Benimm-Anspruch gegenüber Zweibeinern besonders hoch angesetzt werden.

WANN? Trainieren Sie die Anti-Aggressions-Übungen besonders intensiv mit Welpen bis zum Alter von fünf bis sechs Monaten, da in dieser Zeit das prägungsähnliche Erlernen der Beißhemmung stattfindet.

Merke!
Auch ein Hund mit guter Beißhemmung kann – falls es die Situation erfordert – aggressives Verhalten zeigen und gegebenenfalls beißen. Das Verletzungsrisiko ist jedoch umso geringer, je besser die erlernte Beißhemmung des Hundes ist.

Nutzen Sie die Spielmomente, um Ihrem Welpen Höflichkeit im Spiel zu vermitteln.

12 HUNDEBOX: Die einzelnen Schritte

1 Stellen Sie die Box in Ihre Nähe, um dem Welpen ein gutes **Zugehörigkeitsgefühl** zu vermitteln.

2 Statten Sie die Box mit einer bequemen Liegedecke, einem interessanten Spielzeug, einigen Knabbereien und bei längerem Aufenthalt einem Trinknapf aus.

3 Verstecken Sie von Zeit zu Zeit heimlich einige Futterbröckchen in der Hundebox. Das macht die Box für den Welpen besonders spannend, da er immer wieder eine tolle **Überraschung** vorfindet, wenn er ganz von selbst in die Box geht.

4 Füttern Sie den Welpen in der Box. So verbindet er seine „Kiste“ mit etwas Positivem und geht gerne hinein.

5 Werfen Sie ihm tagsüber immer wieder einmal ein tolles **Spielzeug** in die Box, damit er zum Reingehen animiert wird.

6 Achten Sie darauf, dass Sie dem Welpen in der Box stets eine interessante **Beschäftigung** bieten. Futterspielzeug (➔ **Lernkarte 17**) eignet sich dafür prima.

7 Nutzen Sie die Gelegenheit, wenn Ihr Welpe sowieso ausgepowert, satt und **müde** ist, um ihn in der Box einzuschließen. Öffnen Sie das Türchen anfangs, bevor Ihr Hund wieder wach wird.

8 Lassen Sie sich nicht von herzzerreißendem Weinen erweichen, wenn Ihr Welpe einmal keine Lust hat, sich in der Box aufzuhalten. Führen Sie die Regel ein, dass Ihr Welpe die Box immer erst dann verlassen darf, wenn er sich **leise** und brav verhält.

Achtung!
Führen Sie den Welpen anfangs alle zwei bis drei Stunden zum Lösen nach draußen. Die Box dient im Rahmen des Sauberkeitstrainings nur der Verhinderung von Missgeschicken!

Infokarte 2: HUNDEBOX

INFO: Die Box kann genutzt werden

- zum sicheren Transport im Auto,
- für das Erlernen der Stubenreinheit,
- für das Alleinsein-Training (→ Infokarte 4)
- für den Aufenthalt in fremder Umgebung.

WICHTIG: Die Box muss so groß sein, dass sich der Welpe darin bequem der Länge nach hinlegen und ausstrecken kann. Am besten trainieren Sie von Anfang an mit einer Box, die auch für den erwachsenen Hund groß genug ist.

SO GEHTS: Die Gewöhnung an die Hundebox fällt dem Welpen besonders leicht, wenn er auch nachts darin schläft. Stellen Sie die Box in Ihr Schlafzimmer, die Nähe zu Ihnen gibt Ihrem Welpen Sicherheit. Tagsüber sollten Sie die Hundebox als mobile Welpenstation immer in das Zimmer stellen, in dem Sie sich viel aufhalten. Er soll keinesfalls isoliert werden, um ihn nicht zu ängstigen.

Tipp!

Spaß ist der oberste Grundsatz bei der Gewöhnung des Welpen an die Box. Der Lernerfolg ist am größten, wenn er den Aufenthalt in seiner „Wohnhöhle“ als Annehmlichkeit empfindet.

Nach dem erfolgreichen Training fühlt sich der Welpe in der Box sicher und kann ganz entspannt darin schlafen, was auch Ihnen Freiraum gibt.

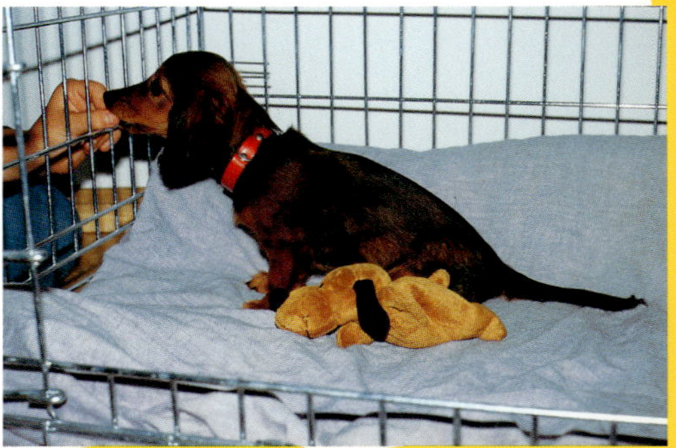

SOZIALISATION: Richtig üben

Aufbauschema für Trainingsübungen:

Phase I:
Locken Sie Ihren Welpen in die gewünschte Position. Achten Sie darauf, dass Ihr Lockmittel (z.B. Leckerchen oder Spielzeug, (➔ **Infokarte 10**) den Hund gut motiviert.

Phase II:
Locken Sie ihn wie in Phase I, aber geben Sie ihm nicht das Lockobjekt. Holen Sie stattdessen z.B. mit der anderen Hand eine Belohnung aus der Tasche und geben Sie diese dem Welpen für seine gute Konzentration und Leistung in der Übung.

Phase III:
Geben Sie dem Welpen Hilfestellung, indem Sie nur so tun, als ob Sie ein Lockmittel in der Hand halten. Geben Sie ihm eine besondere Belohnung, wenn er konzentriert mitarbeitet.

Phase IV:
Verlangen Sie einfache Übungen und solche, die schon mehrere hundert Male mit Hilfestellung geübt wurden – jetzt aber ohne Hilfe. Belohnen Sie den Welpen für gute Leistung erst mit einem Jackpot (etwas extra Leckeres, eine größere Portion oder sein Lieblingsspielzeug), später mit einer „normalen“ Belohnung.

Phase V:
Setzen Sie in den Übungen, die Phase IV erreicht haben, zusätzlich kurz vor der Belohnung ein Lobwort ein. Bleiben Sie für mehrere hundert Wiederholungen auf diesem Niveau. Variieren Sie auch mit der Belohnung. Setzen Sie abwechselnd Futter, Spielzeug, nur das Lobwort oder nachfolgend eine Lieblingsübung als Belohnung ein. Belohnen Sie den Hund in dieser Lernphase auch nach einem unvorhersehbaren Schema: einmal nach der zweiten, dann nach der achten, nach der dritten oder wieder nach jeder Übung.

Phase VI:
Jetzt wird nur noch beste Leistung belohnt. Hier muss allerdings nicht gespart werden! Setzen Sie für perfekt umgesetzte Übungen immer wieder einen Jackpot ein, denn das motiviert den Hund enorm. Variieren Sie auch den Jackpot durch die Futterqualität und Menge.

INFO: Die ersten Lebensmonate eines Hundes spielen eine wichtige Rolle für das spätere Zusammenleben. In der Sozialisierungsphase lernt Ihr Welpe wichtige Regeln des Ausdrucks- und des Sozialverhaltens und macht sich mit den in seinem Lebensumfeld üblichen Umweltreizen vertraut.

Für die Entwicklung des Welpen ist es wichtig, ihn viele positive Umwelterfahrungen sammeln zu lassen.

Erfahrungen für das Leben

Alle Erfahrungen, die der Welpe in dieser Zeit macht, dienen als Vergleichsmaßstab für spätere Situationen. Aber: Dies gilt für Gutes wie für Schlechtes. Aus diesem Grund ist es so wichtig, ihm einen reichen Erfahrungsschatz positiver Erlebnisse als Bewertungsgrundlage für neue Situationen mit auf den Weg zu geben, aus dem er für den Rest seines Lebens schöpfen kann.

Souveränität üben

Welpenförderung hat vor allem den Zweck, dem Hund Unsicherheiten zu nehmen und Selbstsicherheit zu geben, denn Angst ist die Ursache Nummer eins für Aggressionsprobleme mit Artgenossen und Menschen. Die Umweltabenteuer auf den Erlebniskarten bieten Ihnen häufig die Gelegenheit, gleichzeitig Bindungs- und Gehorsamsübungen zu trainieren.

E17 PROBLEME LÖSEN II: Mut machen

Diskrete Hilfe

Wenn der Welpe ein Problem einmal nicht spontan lösen kann, sollten Sie zunächst versuchen, den Schwierigkeitsgrad der Übung zu verringern, indem Sie z.B. die Situation **in Einzelteile zerlegen**, bevor Sie körperliche Hilfestellung anwenden. Achten Sie in den Fällen, in denen Hilfe wirklich erforderlich ist, darauf, diese so unauffällig, wie möglich zu geben. Vermeiden Sie es den Welpen anzusprechen, während Sie ihm eine Unterstützung anbieten, denn er soll möglichst wenig zusätzliche Zuwendung in der Problemsituation bekommen. Loben und belohnen Sie ihn aber ruhig kräftig, wenn er das Ziel schließlich erreicht.

Achtung!

Wenn sich herausstellt, dass sich der Welpe ernsthaft vor einer Situation fürchtet, sollte falls nötig auch unter Einbeziehung eines Experten ein Spezialtraining für diese Situation erarbeitet werden (→ Infokarte 12).

Wichtig!

Bieten Sie dem Welpen, wenn Sie erkennen, dass er zögerlich ist, neutrale Unterstützung. Im Idealfall sollte die Situation den Möglichkeiten des Welpen angepasst werden.

Unsicherheit nicht verstärken

Bei Ansprache in einer Problemsituation ist immer ungewiss, wie der Hund dies abspeichert. Da Hunde sich untereinander nicht über Lautäußerungen beruhigen oder trösten, ist die Gefahr immer groß, dass es zu einer Fehlverknüpfung kommt, wenn wir Menschen dem Welpen in solchen Situationen Trost spenden. Häufig steigert sich ein Welpe sogar mehr in seine Scheu hinein, wenn man sich ihm in Momenten zuwendet, die ihn verunsichern. **Emotional Maß zu halten** und dem Welpen ein bisschen Zeit zu geben, ist oftmals schon der Schlüssel zum Erfolg (→ Infokarte 11).

Geben Sie Ihrem Welpen genug Zeit, eine Problemsituation selbstständig zu lösen. Das schult sein Selbstvertrauen.

Beeinflussung vermeiden

Je weniger Sie den Welpen in einer Problemsituation locken, umso selbstständiger kann er handeln. Der Lerneffekt ist hierbei im Vergleich zum Locken wesentlich größer. Gleichzeitig ist die Gefahr minimiert, mit zu viel Locken dem Welpen versehentlich zu vermitteln, dass die Situation wirklich kritisch ist.

Training zu Hause

Auch zu Hause können Problemlösungsübungen umgesetzt werden. Legen Sie hierzu ein attraktives Lockmittel auf bzw. in die Nähe einer Problemzone, z.B. auf den Staubsauger oder einen Bodenuntergrund, den der Welpe noch nicht kennt. Geben Sie ihm alle Zeit, die er braucht, um sich eigenständig heranzutrauen. Dies kann auch länger dauern. Sobald er Mut gefasst hat, wird er durch die ausgelegte Belohnung in der Situation selbst belohnt. So ist immer eine optimale Verknüpfung gewährleistet.

Legen Sie etwas Leckeres auf den Staubsauger. So verliert das „Ungeheuer“ an Bedrohlichkeit.

Das brauchen Sie:

- Leckerchen
- Spielzeug

Wichtig!

Wenn wie hier beschrieben nicht direkt gelockt wird, kann es zu keiner emotionalen Beeinflussung kommen. Dies ist von Vorteil, denn der Welpe kann dann sein Handeln frei steuern.

Typische Alltagsproblem-Situation draußen: Straßenlaterne

Lassen Sie den Welpen selbst herausfinden, dass er sich für dieselbe Seite entscheiden muss wie Sie, um weiter flott voranzukommen. Helfen Sie ihm nicht, wenn er mit der Leine an der Laterne „hängen" bleibt. Eine **Belohnung**, wenn der Welpe alles richtig macht, sollte aber selbstverständlich sein.

Einen Anreiz geben

Wenden Sie folgende Maßnahme an, wenn sich Ihr Welpe vor einer Situation scheut und **keinerlei Gefahr** aus der Umgebung (z.B. dem Straßenverkehr) droht: Reizen Sie ihn mit einer sehr attraktiven Belohnung an und gehen Sie selbstsicher weiter. Bleiben Sie in einer gewissen Entfernung stehen und rufen Sie ihn von dort aus einmal. Animieren Sie ihn dann ohne viel Emotion und möglichst ohne weitere Lockversuche oder Worte, sondern nur über Ihre Körpersprache, doch zu Ihnen zu gelangen. Gehen Sie hierzu in die Hocke oder treten Sie auch außer Sichtweite – aber nur, wenn sicher ist, dass der Welpe in seiner Verzweiflung nicht in eine falsche Richtung läuft. Bleiben Sie geduldig und halten Sie eine tolle Belohnung parat, wenn er schließlich seinen Mut zusammennimmt und Ihnen folgt.

Achtung!

Das Folgen ist eine welpentypische Angewohnheit, die sich im Junghundalter leider etwas verliert. In der freien Natur wäre ein einzelner Welpe dem Tod geweiht, deshalb ist die Nachfolgereaktion von Welpen sehr stark. Das Gefühl der Erleichterung, wenn der Welpe endlich wieder bei Ihnen ist, hat massiven Belohnungscharakter. Setzen Sie zur Entspannung nach solchen Abenteuern auch einen Anti-Stressor ein, indem Sie z.B. mit dem Welpen ein lustiges Rennspiel veranstalten.

Erlebniskarte 16: PROBLEME LÖSEN I

Wenn Sie einen Hund haben möchten, der Ihnen später als Begleiter stets zur Seite steht, sollten Sie schon mit dem Welpen gestellte Problemsituationen trainieren.

Trainingsziel

Das Ziel dieser Übungen ist, dem Welpen ein gutes Körpergefühl zu vermitteln und das Vertrauen in seine eigenen Fähigkeiten zu stärken - ähnlich der Geschicklichkeitsübungen (→ Erlebniskarte 8), die in dieses Programm eingebunden werden können.

Nicht springen führt zum Erfolg. Das ist eine gute Selbstkontrolle-Übung.

Wenn nötig helfen

Für ein gutes Gelingen ist es nicht nötig, dass der Welpe stets alle Probleme ohne Hilfe löst. Jedoch sollte er möglichst aus freien Stücken und ohne auffällige Manipulation oder Hilfestellung das Ziel erreichen können. In diesem Training können zwei Dinge vermittelt werden:

- Einerseits kann er lernen, dass er in der Lage ist, die meisten Dinge eigenständig lösen zu können.
- Andererseits dienen diese Problemsituationen der Bindungsstärkung, wenn der Welpe lernt, dass vor allem Teamarbeit mit seinem Besitzer zum Erfolg führt.

Das müssen Sie mitnehmen:

- Leckerchen
- Spielzeug
- eventuell die Leine

Wichtig!

Bei gestellten Problemsituationen haben Sie den Vorteil, dass Sie den Schwierigkeitsgrad bestimmen und den Fähigkeiten des Welpen anpassen können.

E15 TIERARZT II: Die einzelnen Schritte

Ängsten vorbeugen

Die Tierarztübungen mögen zunächst aufwendig erscheinen, aber bedenken Sie: Ein **Lernen im gesunden Zustand** und mit einem in kleine Schritte aufgeteilten Übungsaufbau bereitet keinerlei Probleme und macht sogar Spaß. Alle Erfahrungen, die Sie Ihrem Welpen in diesen einfachen Übungen mit auf den Weg geben, **verhindern** ein großes Maß an **Stress und Angst**, wenn Ihr Hund irgendwann einmal erkrankt und dann Behandlungen oder Manipulationen über sich ergehen lassen muss, die ihm nicht vertraut sind.

Tipp!
Die Tierarztsituationen erhöhen die Geduld bei Berührungen. Zur Vorbeugung sind sie somit für verschiedene Übungen ideal.

Trainingsmöglichkeiten

Bereiten Sie Ihren Hund auf folgende Dinge vor:

- das Tragen eines Maulkorbs
- das Tragen eines Halskragens
- das Anlegen von Verbänden
- Fiebermessen zu dulden
- ruhig zu stehen, zu sitzen oder zu liegen (z.B. auf einem Tisch!)
- auf die Waage zu gehen
- sich heben zu lassen
- sich festhalten zu lassen
- sich auf den Rücken drehen zu lassen
- sich überall anfassen zu lassen
- das intensive Begutachten einer bestimmten Körperstelle ruhig zuzulassen
- sich die Schnauze öffnen zu lassen, inklusive der Inspektion des Mauls
- sich die Pfoten, Ohren, Augen kontrollieren zu lassen
- Zahnkontrolle
- Haarpflege
- die Verabreichung von Augen tropfen und anderen Medika menten zu dulden
- verschiedene Geräusche gelassen in Kauf zu nehmen, z.B. das Surren einer Schermaschine

Erlebniskarte 15: TIERARZT II

Um den Welpen auf Ernstsituationen beim Tierarzt vorzubereiten, hilft es, wenn Sie ein Übungssignal einführen, dass ankündigt, dass nun Körperpflege, Untersuchungen oder Behandlungen anstehen.

Hier wird auf dem Signalhandtuch die Kontrolle der Pfoten geübt.

Das Behandlungssignal

Als solches Signal kann beispielsweise ein großes Handtuch eingesetzt werden, das Sie nur für diesen Zweck reservieren. Legen Sie dem Welpen immer, wenn Sie diese speziellen Übungen trainieren, das Signal-Handtuch auf den Boden oder auf den Tisch, auf dem Sie die Übung umsetzen wollen. Führen Sie dann Ihre Übungen durch und belohnen Sie den Hund für ruhiges und braves Verhalten. Bei diesem Vorgehen verbindet er das Handtuch ganz automatisch als Signal mit den Übungen.
Bei einem echten Tierarztbesuch können Sie das später prima ausnutzen, indem Sie das **Handtuch mit in die Praxis nehmen** und auf den Behandlungstisch legen. Der kleine Patient weiß dann schon was ansteht, und hat keine Angst, denn die Tierarztübungen kennt er ja schon aus dem positiven Verknüpfungstraining von zu Hause.

Das brauchen Sie:

- Leckerchen
- Trainingshandtuch

Achtung!

Räumen Sie das Übungshandtuch immer sofort nach dem Ende der Übung wieder weg, denn wenn der Hund es längerfristig zur Verfügung hat, kann er keine Verbindung zu der „Behandlung“ herstellen.

TIERARZT I: Training zu Hause

Der Weg zum Erfolg

Zu Hause können Sie alles üben, was für einen Tierarztbesuch wichtig ist. **Alle Manipulationen**, an die sich der Hund gewöhnen soll, müssen in kleinste Schritte zerlegt und dem Welpen dann über Erfolgserlebnisse vermittelt werden. Die Aufteilung in Einzelschritte ist sehr wichtig, denn der Welpe soll in keiner der Übungen jemals Angst oder Stress haben. Für angstfreies, ruhiges und entspanntes Verhalten hat er immer eine tolle Belohnung verdient. Beim nächsten Mal kann dann der Schwierigkeitsgrad leicht gesteigert werden.

Eine Stufe zurück

Wenn sich der Welpe doch einmal **fürchtet** ist es erforderlich, dass Sie die Übung noch einmal vereinfachen und die Schwierigkeitsstufe auf ein Niveau zurücksetzen, das der Hund noch problemlos ertragen konnte!

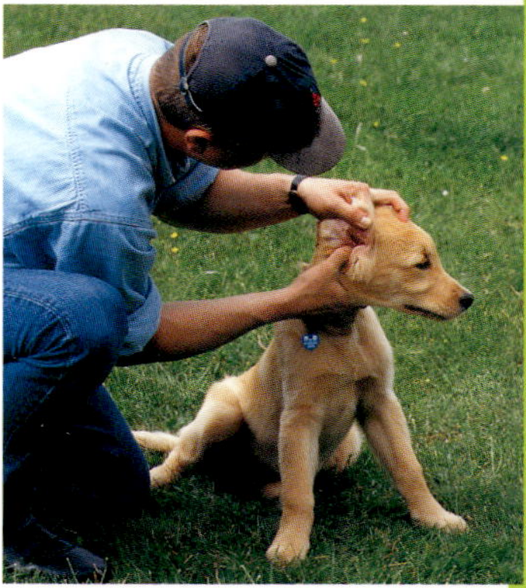

Ohrenkontrolle muss geübt werden.

Wichtig!

Einige Handlungen können nicht in Einzelschritte untergliedert werden. Falls sich der Welpe dabei gegen die Behandlung sträubt, sollten Sie ihn – ohne zu schimpfen – unverändert festhalten und solange warten, bis er die Gegenwehr einstellt. Das kann einige Zeit dauern. Wenn er sich beruhigt hat, wird er dann für sein ruhiges Verhalten belohnt! Mit dieser Übung kann auch die Selbstkontrolle trainiert werden (→ **Lernkarte 13**).

Erlebniskarte 14: TIERARZT I

E14

Ein Besuch beim Tierarzt ist für den Welpen eine aufregende Sache. Optimal ist es, wenn beim ersten Besuch nicht gleich eine unangenehme Behandlung ansteht.

So kann man den Hund ruhig in der Liegeposition halten.

Eine positive Basis schaffen

Bei einem Tierarztbesuch nur zur Gewöhnung kann Ihr Welpe die Abläufe in der Praxis stressfrei kennen lernen. Im Wartezimmer sollte der Welpe gut auf Spielzeug oder Leckerchen konzentriert werden, um ihm die Situation möglichst leicht zu machen.

Das müssen Sie mitnehmen:

- Leine
- Leckerchen
- Spielzeug

Angenehme Behandlung

Im Behandlungsraum gilt die Devise, dem Hund alles, was geschieht, als sein persönliches Erfolgserlebnis darzustellen. Hierzu zählt natürlich vor allem die Begutachtung durch den Tierarzt und das Stehen auf dem Behandlungstisch. Für artiges Verhalten sollte der Welpe unbedingt belohnt werden. Wenn er während der Behandlung sehr unruhig oder ängstlich ist, wissen Sie, was Sie ab sofort zu Hause intensiv üben sollten. Dasselbe gilt, wenn der Hund ein schmackhaftes Belohnungsleckerchen nicht frisst, denn das ist ein Indiz für Stress.

Wichtig!

Beim Tierarzt sollten Kontakte mit Artgenossen und anderen Tieren wegen des höheren Infektions- und Aggressionsrisikos vermieden werden (→ Erlebniskarte 4). Üben Sie hier das Vorbeigehen ohne Kontakt (→ Erlebniskarte 3).

Vertraute und fremde Menschen

Erarbeiten Sie diese Übungen zunächst selbst mit dem Welpen. Binden Sie nach und nach alle Menschen ein, die dem Welpen schon gut vertraut sind. Später sollten die Übungen unbedingt auch mit dem Hund noch unbekannten Freunden und Bekannten als **Trainingspartner** umgesetzt werden. Auf diese Weise kann der Welpe fremden Menschen, plötzlichen Berührungen oder vermeintlichen „Drohgesten" gegenüber aufgeschlossen und umweltsicher gemacht werden.

Die Steigerung

Neben den schon beschriebenen Gesten, mit denen ein Hund im Alltag immer wieder unerwartet konfrontiert wird, sollten Sie auch etwas rauere Dinge, wie ein Knuffen oder Kneifen in die Seite, ein leichter Stoß gegen die Schulter o.Ä., nach dem selben Verfahren üben. Vor allem im Menschengewühl oder in Kontakten mit kleinen Kindern kann es schnell und ohne eine böse Absicht dahinter passieren, dass der Hund z.B. angerempelt wird. Trainingsziel ist, dass der Hund, weil er so etwas schon als Welpe in einem positiven Zusammenhang kennen gelernt hat, sich durch diesen raueren Umgang nicht aus der Ruhe bringen lässt, statt dass er aggressiv reagiert, sei es aus Furcht oder weil er die Handlung als „Angriff" bewertet.

Slalom durch die Beine oder sich unter einem vorgebeugten Menschenkörper aufzuhalten und sich dort auch noch von oben anfassen zu lassen sind Übungen, die das Vertrauen des Welpen zum Menschen stärken.

Erlebniskarte 13: MISSVERSTÄNDNISSE E13

Distanz verringernde Gesten werden von Hunden häufig als bedrohlich empfunden. Hierzu zählen auch freundliches „Über-den-Kopf" streicheln oder Bückbewegungen in Richtung Hund.

Kommunikationsregeln

Viele von oben kommende Bewegungen und Gesten werden in der Hundesprache als Drohgesten oder Imponierverhalten eingesetzt. Es kann leicht zu Fehlinterpretationen kommen.

Positiv verknüpfen

Üben Sie deswegen mit dem Welpen die ihm zunächst unlogisch erscheinende Bedeutung der Gesten des Menschen. Streicheln Sie ihm dazu sanft über den Kopf und stecken Sie ihm sofort danach ein Leckerchen zu. Bei einem schüchternen Hund beginnen Sie diese Übung besser noch sanfter und kraulen ihn zunächst z.B. unter dem Kinn, statt ihn direkt über den Kopf zu streicheln. Üben Sie auch das Anfassen am Rücken, das Hochheben, das Greifen nach dem Halsband etc. **Belohnen Sie den Hund immer direkt für seine Geduld!** Er soll in diesen Übungen lernen, dass die Gesten, die ihm zunächst fremd und etwas unangenehm vorkommen, durchaus positiv sind, da deren Duldung eine Belohnung nach sich zieht.

Das brauchen Sie:

- Leckerchen
- Spielzeug

Geben Sie Ihrem Welpen nach dem „Über-den-Kopf-Streicheln" ein Leckerchen, um ihm zu vermitteln, dass die Geste nicht als Bedrohung zu verstehen ist.

Badespaß

Üben Sie mit dem Welpen neben dem Bürsten und Kämmen auch das **Abduschen.** Transportieren Sie ihn dafür ins Bad und stellen Sie ihn auf einer rutschfesten Gummimatte in der Duschkabine oder Badewanne ab. Verlagern Sie eine Mahlzeit oder einen Anteil der Tagesration in die Badewanne. Wenn der Welpe dieses „Wannenspiel" gerne mitmacht, können Sie den Übungsanspruch etwas steigern. Lassen Sie dafür vorher ein wenig lauwarmes Wasser in die Wanne ein und setzen Sie den Welpen hinein. Belohnen Sie ihn dort.

Der nächste Schritt

Eine weitere Variante für „Fortgeschrittene" ist, den **Wasserhahn** laufen zu lassen, während der Welpe bereits in der Wanne steht. Als Nächstes kommt dann die in der Wanne liegende Brause ins Spiel und schließlich duschen Sie ihn – nur mit Wasser – ab. Trocknen Sie ihn danach gut ab und spielen Sie mit ihm. Nasse Hunde wollen rennen!

Wichtig!

Bereiten Sie den Welpen auch darauf vor, dass in seinem späteren Leben auch einmal andere Personen körperliche Manipulationen an ihm vornehmen werden, z.B. wenn er zum Hundefrisör muss oder Untersuchungen bzw. Behandlungen beim Tierarzt nötig sind. Dazu sollten Sie die Übungen zunächst selbst mit ihm umsetzen und dann, sobald der Hund keine Scheu mehr davor zeigt, andere Personen mit in das Programm einbinden. Die Hilfspersonen sollten dann jeweils die dem Hund schon vertrauten Pflegemaßnahmen umsetzen, beginnend mit der leichtmöglichsten Variante (→ **Erlebniskarte 14**). Hier macht sich dann der Einsatz der „Tierarzt-Übungsdecke" (→ **Erlebniskarte 15**) bezahlt.

Erlebniskarte 12: KÖRPERPFLEGE E12

Je nach Fellbeschaffenheit ist die Körperpflege bei Hunden unterschiedlich aufwendig. Pflegemaßnahmen zu dulden sollte aber jeder Hund lernen.

Während der Welpe mit einem interessanten Futterspielzeug beschäftigt ist, lässt er sanftes Bürsten gerne über sich ergehen.

Bewährter Übungsablauf

Sie streichen mit der Bürste einmal über den Rücken und stellen dem Hund dann z.B. ein mit Schmierkäse bestrichenes Holzbrettchen hin. Während er daran leckt bürsten Sie noch ein wenig weiter. Hören Sie zu Beginn des Trainings aber schon mit dem Bürsten auf, während Ihr Welpe noch mit seiner Käsepaste beschäftigt ist. Auf diese Weise verbindet er die Pflegemaßnahme mit der tollen Futterbeschäftigung.

Weiche Bürsten

Achten Sie beim Bürsten darauf, dass Sie für die noch sehr zarte Welpenhaut keine Drahtbürste ohne Noppen auf den einzelnen Zinken verwenden, denn diese tun dem Welpen weh.

Das brauchen Sie:

- Weiche Bürste
- Leckerchen
- Holzbrettchen
- Schmierkäse o.Ä.
- Tierarztdecke
- Handtuch zum Abtrocknen

Wichtig!

Benutzen Sie das Rückrufkommando niemals in Situationen, die dem Welpen noch unheimlich sind. Beispiel: Sammeln Sie ihn lieber in der Wohnung ein und tragen ihn zum Duschen ins Bad, statt ihn zu rufen. So vermeiden Sie Fehler im Rückruftraining, falls er sich aus Furcht nicht herantraut. Außerdem lernt er so nicht, dass das Rufen mit etwas Unangenehmem verbunden ist.

AUTOFAHRTEN: Übungsfahrten

Manieren beim Autofahren

Damit Ihr Welpe Spaß am Autofahren bekommt, bieten sich **häufige Übungsfahrten** mit ihm an. Zu Beginn des „Fahrtrainings" sollten diese kurz sein. Achten Sie als zusätzliche Regel darauf, dass der Welpe von Anfang an gesittet ein- und aussteigt. Kombinieren Sie hierzu die Trainingsübung SITZ (➔ **Lernkarte 3**) mit den Autofahrten. Üben Sie am Auto geduldig mit dem Welpen das Sitzen vor dem Aussteigen und auch vor dem Einsteigen. Für die Zukunft vermeiden Sie dadurch Probleme, die vor allem im Junghundalter durch sehr ungestümes Verhalten entstehen können.

ACHTUNG: Verhindern Sie in diesen Trainingsübungen über Ihre eigene Körperstellung, dass der Welpe an Ihnen vorbei aus dem Auto stürmen kann. Belohnen Sie das artige Sitzen und lassen Sie ihn dann mit einem Kommando (z.B. JETZT) aus dem Auto aussteigen oder heben Sie ihn heraus. Beim Einsteigen verfahren Sie genauso.

Im Auto ablenken

Wenn Sie den Welpen im Fahrzeug beschäftigen, wird er sich schneller an das Autofahren gewöhnen. Geben Sie ihm dafür z.B. etwas Leckeres zum Knabbern ins Auto. Wenn Sie bemerken, dass er das Auto nicht so sehr schätzt, können Sie unabhängig von echten Fahrten sogar einen Teil der Tagesration **im Auto füttern**, um eine positive Verknüpfung herzustellen.

Tipp!

Bedenken Sie, dass es vorgeschrieben ist, Hunde im Auto gesichert zu transportieren. TÜV-geprüfte Sicherheitsgurte, stabile Transportboxen und einige spezielle Gitter sind zugelassen. Gewöhnen Sie Ihren Welpen schnellstmöglich an den ihm später zugewiesenen Ort im Wagen. Die Umsetzung der BLEIB-Übung (**Lernkarte 6**) ist hierfür gut geeignet.

Ein unkomplizierter und ruhiger Beifahrer wird Ihr Welpe durch spezielle Übungsfahrten. Eine schrittweise Gewöhnung bringt die schnellsten Erfolge.

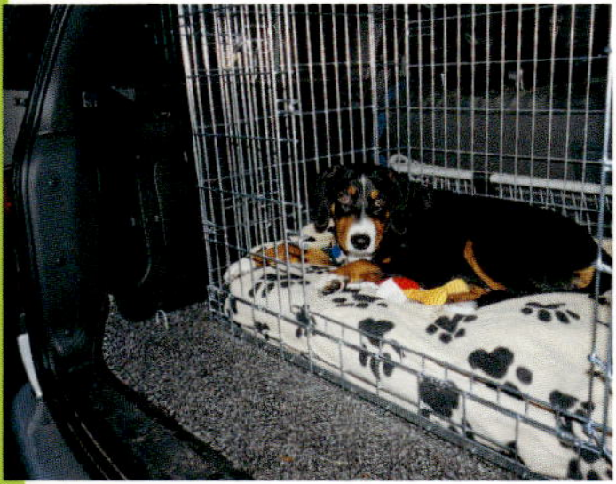

Eine Transportbox bietet dem Hund etwas Bewegungsspielraum.

Reisekrankheit

Auch wenn die meisten erwachsenen Hunde das Auto schätzen, da sie es meist mit positiven Dingen verbinden, etwa mit ihren Menschen bei Unternehmungen und interessanten Ausflügen dabei sein zu dürfen, bereitet das Fahren vielen Welpen zunächst Probleme. Mit Übelkeit während der Fahrt haben viele Welpen zu kämpfen. Damit der Welpe wegen der Übelkeit keine negative Verknüpfung zu Fahrten mit dem Auto herstellt, sollten Sie in solch einem Fall frühzeitig reagieren und gleich den Tierarzt konsultieren. Dieser kann ein Medikament gegen die „Kinetose", die Reisekrankheit, verschreiben. Für längere Fahrten sind Arzneimittel ideal, die den Welpen müde machen, für Übungsfahrten oder kurze Stadtfahrten sollten die Präparate diesen Effekt aber nicht haben.

Das müssen Sie mitnehmen:

- Leine
- Leckerchen
- eventuell Spielzeug
- eventuell Kauknochen
- Küchenrolle
- Reinigungstücher
- Mülltüte

Wichtig!

Wenn ein Hund unter Reisekrankheit leidet, kann eventuell auch eine Therapie mit homöopathischen Mitteln helfen. Auch hier ist Ihr Tierarzt der beste Ansprechpartner.

E10 FREMDE TIERARTEN: Entspannt bleiben

Emotionstraining

Eine gute Gewöhnungsübung für den Umgang mit anderen Tierarten ist das so genannte Emotionstraining. Bei der Umsetzung lernt der Welpe gleichzeitig auch, wie schön es ist, sich in der starken Ablenkungssituation auf seinen Besitzer **zu konzentrieren**. Man kann also mehrere Erfolge mit nur einer Übung erzielen. Wie das Emotionstraining aussieht, ist auf der → Lernkarte 12 beschrieben. Diese Übung ist mit fremden Tierarten besonders leicht in Situationen zu üben, in denen sich die anderen Tiere ruhig verhalten oder sich z.B. hinter einem Zaun befinden. Der Welpe sollte, um Missgeschicke von vornherein zu verhindern, in diesen Übungen angeleint sein.

Jede Gelegenheit nutzen

Die Umsetzung der Emotionstrainingsübung ist auch und gerade in **Alltagssituationen** sinnvoll! Nutzen Sie die Gelegenheit, wenn Sie mit Ihrem Welpen anderen Tieren begegnen, z.B. kleinen Vögelchen am Straßenrand, Stadttauben in der Fußgängerzone, Enten im Park, Kaninchen an einem Gebüsch, Pferden oder Kühen auf der Koppel, Schafen auf Wiesen, Katzen drinnen und draußen, kleinen Heimtieren in der Wohnung, natürlich auch einem vorbei huschenden Eichhörnchen, über Ihnen kreisenden oder laut zeternden Rabenkrähen oder Elstern und, und, und... Alle diese Tiere können Ihnen als unbezahlte Sparringspartner dienen.

Wichtig!

Achten Sie darauf, dass auch den „Trainingstieren" kein Stress entsteht – vor allem, wenn sie nicht ausweichen können. Halten Sie Ihren Welpen also immer unter guter Kontrolle und vermeiden Sie durch eine rechtzeitig angesetzte **Gehorsamsübung**, dass der Hund z.B. ein Tier in einem Käfig anbellt und sich in dieses unerwünschte Verhalten hineinsteigert. Je nach Interessenlage des Hundes an den fremden Tieren ist bei Gehorsamsübungen in dieser Ablenkungssituation auch bei einfachen Übungen manchmal eine zusätzliche Lockhilfe sinnvoll, um den Welpen auf den richtigen Weg zu bringen.

Lassen Sie Ihren Welpen fremde Tierarten nur im Zusammenhang mit Anti-Jagd-Übungen kennen lernen. So wird die Jagdleidenschaft erst gar nicht geweckt.

Jagderlebnisse verhindern

Wenn Ihr Hund nicht jagen soll, ist es wichtig, dass Sie von Anfang an strikt verhindern, dass er als Welpe Jagderlebnisse hat – zu diesen zählt auch, einem anderen Tier nur „spielerisch" hinterherzusetzen oder eine Spur zu verfolgen. Zwar kann ein acht Wochen alter Welpe selbstverständlich noch kein Reh reißen. Aber: Übung macht den Meister...

Das müssen Sie mitnehmen:

- Leine
- Leckerchen
- Spielzeug

Wichtig!

Bedenken Sie, dass die Auslebung des Jagdtriebes immer mit einem extremen Lerneffekt gekoppelt ist. Denn Jagen macht Hunden Spaß! Ihre „Belohnung", die Sie hier in der Emotionstrainingsübung (→ **Lernkarte 12**) einsetzen, muss in jedem Fall stärker motivieren als die Jagdablenkung als solche! Halten Sie für diese Fälle stets ein paar Super-Leckerchen und das Lieblingsspielzeug in petto.

Katzen können von Hunden als Sozialpartner akzeptiert werden. Frühe Kontakte ohne Jagderlebnisse sind hierfür erforderlich.

OPTISCHE REIZE: Positiv erleben

Übungen zu Hause

Auch in der Wohnung bzw. in vertrauter Umgebung gibt es immer wieder einmal unbekannte Dinge, an die der Welpe erst herangeführt werden muss.
Für zu Hause ist es eine lustige Übung, Luftballons mit Heliumgas zu füllen, so dass sie Auftrieb haben. Schwebende Dinge führen bei Hunden manchmal zu einem ersten Schrecken. Doch wenn Ihr Welpe merkt, dass ihm von dem „komischen Ding" keine Gefahr droht und er von Ihnen sogar belohnt wird, wenn er sich in dessen Nähe traut, dienen diese optischen Reize einmal mehr dem Sozialisationstraining. Beweisen Sie Ihrem Welpen durch derartige Übungen, dass Unvorhergesehenes und Neues kein Problem darstellen.

Kinder einbinden

Das Gewöhnungstraining an unbekannte Dinge können Sie auch sehr gut nutzen, um Ihren Welpen mit Kindern vertraut zu machen. Denn Kinder haben meist **viel Spaß** mit Seifenblasen, Luftballons und ähnlichen Dingen zu spielen. Achten Sie darauf, dass die Erregungslage nicht zu hoch kocht, wenn Kinder und Hund miteinander toben.

ACHTUNG: Unterbrechen Sie den Kontakt, wenn Sie merken, dass der Hund unsicher ist. Lassen Sie den Welpen dann optische Reize und Kinder in getrennten Situationen kennen lernen.

Wichtig!

Bei optischen Reizen spielt für Hunde aber nicht nur ein außergewöhnliches Erscheinungsbild eine Rolle. Als Jagdraubtier reagieren Hunde vor allem auf schnelle Bewegungen mit gesteigertem Interesse. Die beste Gewöhnungsübung, um dem Welpen in solchen Reizsituationen von Anfang an ein hohes Maß an Ruhe und Gelassenheit zu vermitteln, ist die so genannte Emotionstrainingsübung (→ **Lernkarte 12**).

Erlebniskarte 9: OPTISCHE REIZE

Wenn „normale“ Dinge des Alltags, z.B. eine Parkbank oder ein Briefkasten, dem Welpen noch nicht vertraut sind, können sie ihn verunsichern.

Wenn Gegenstände von ihm als harmlos eingestuft werden, ignoriert der Welpe sie in Zukunft.

INFO: Auch Gegenstände, die er bereits kennt, nun aber in einer anderen Umgebung erblickt, können Ihren Welpen irritieren. Bieten Sie ihm deswegen auf Spaziergängen und Ausflügen stets Gelegenheit, viele verschiedene optische Reize kennen zu lernen und sie falls möglich eigenständig zu untersuchen.

Das müssen Sie mitnehmen:

- Leine
- Leckerchen
- eventuell Spielzeug

Ungewohnte Dinge

Versuchen Sie, um späteren Unsicherheiten vorzubeugen, den Welpen mit folgenden Dingen vertraut zu machen: Heißluftballons, Flugzeuge, Hubschrauber, Drachen, Brücken, Kräne, Baumaschinen, Luftballons, im Wind flatternde Absperrbänder, Fahnen, Verkehrsschilder, Parkbänke, Telefonzellen, Briefkästen, Einkaufswagen, Mülltonnen, Schuttcontainer, geparkte Fahrräder oder Motorräder, Kinderwagen, Gartenzwerge und Blumenkübel.

Achtung!

Besonders in der Dämmerung erscheinen viele Dinge, die tagsüber bei guten Lichtverhältnissen kein Problem darstellen, dem Welpen fremd und sind für ihn ein Grund zur Sorge. Setzen Sie in derartigen Situationen besonders leckere Futterbelohnungen oder sein Lieblingsspielzeug ein (→Infokarte 10 und Erlebniskarte 17).

Geschicklichkeit trainieren

Neben dem Erleben neuer Untergrundflächen helfen auch Geschicklichkeitsübungen bei der **Schulung** eines guten Köpergefühls. Hier bieten sich Becken mit Bällen, Spieltunnel, Stofftunnel, Gitterroste, kleine Hängebrücken, Kippelkissen, das Besteigen von großen Steinen und gefällten Baumstämmen, das Klettern über Stangen, das Springen über einen Bachlauf oder eine Grube, das Auf- und Absteigen einer Treppe, etc. an.

Bei diesen „Mut-Proben" kommt es nicht auf die Handlung als solche an, sondern darauf, dass Ihr Welpe lernt, seine vier Füße möglichst sicher und geschickt zu platzieren. Denn ohne entsprechende Übung ist ein flüssiger Bewegungsablauf nicht möglich. Besonders große Rassen brauchen hier spezielle Förderung!

Diskrete Hilfe

Bei all diesen Übungen ist es sinnvoll, so wenig direkte Hilfestellung einzusetzen wie es geht. **Gestalten Sie die Übungen** anfangs lieber dadurch **einfach**, indem Sie vom Hund z.B. nur das Erklimmen einer Stufe, eines kleinen Steins, einen leichten Hopser etc. verlangen oder ihn über nur auf dem Boden liegende Stangen oder durch einen noch zusammengefalteten Tunnel laufen lassen. Steigern Sie dann in kleinen Schritten den Übungsanspruch.

Tipp!

Tricksen Sie ein wenig, so dass der Welpe stets **Sie** im Blickfeld hat, wenn er Mut gefasst und die „Hürden" überwunden hat. Wenn er bei Ihnen eine tolle Belohnung für seine Anstrengungen bekommt, stärken Sie auf einen Schlag den „Teamgeist", die Bindung und die Konzentrationskraft!

Erlebniskarte 8: BODENUNTERGRÜNDE E8

Sich überall sicher bewegen zu können muss der Hund erst lernen. Machen Sie ihn im Alltag mit verschiedenen Bodenflächen vertraut.

Neues Feeling

Für den Welpen ist es ein riesengroßer Unterschied, ob er auf Asphalt, Steinplatten, Steinen, Holzdielen, Holzbalken, Parkett, Laminat, PVC, Linoleum, Kacheln, durch Pfützen, Wasser- oder auf Eisflächen, Schnee, einer Wiese, Waldboden, Sand, kleinen und größeren Kieselsteinen, Teppich oder anderen Bodenflächen läuft. Bei jedem neuen Untergrund erlebt er ein neues Gefühl an den Pfoten und eine andere Körperfederung.

Bieten Sie dem Welpen deswegen drinnen und draußen eine möglichst breite Palette an verschiedenen Untergrundflächen. Nutzen Sie diese Abwechslung auch, um dort verschiedene Gehorsamsübungen durchzuführen.

Das müssen Sie mitnehmen:

- Leckerchen
- Spielzeug

Gitterroste und Plastikplanen sind Untergrundarten, die für den Welpen eine kleine Herausforderung darstellen können.

Bordsteinhemmschwelle

Hat Ihr Welpe zuverlässig gelernt, sich an jeder Straße spontan und ohne Kommando hinzusetzen und auf das **„Straßen-Auflösekommando“** zu warten bevor es wieder losgeht, können Sie den Schwierigkeitsgrad erhöhen.

Achtung!

Das Sträuben an der Bordsteinkante können Sie nur üben, wenn die Leine an einem Halsband und nicht an einem Geschirr am Rücken befestigt ist. Denn sie wird in dieser Übung vor der Brust geführt.

In Versuchung bringen

Bringen Sie Ihren Hund in „Versuchung“, indem Sie ihn beispielsweise mit einem **falschen Signal** verleiten, die Straße zu überqueren. Benutzen Sie aber keine Kommandos, sondern für ihn bedeutungslose Wörter wie „Lampe“ oder „Apfel“ etc. Ahnden Sie jeden Fehler, sei es, dass der Hund ganz ohne Befehl oder beim falschen Wort auf die Straße läuft, mit dem Korrekturwort (→ Infokarte 9) und wiederholen Sie die Übung noch einmal. Belohnen Sie den Welpen mit einem Jackpot, wenn er standhaft geblieben ist.

Widerstand ist erwünscht

Eine weitere Steigerung der Bordsteinhemmschwelle kann man über ein **aktives Sträuben** erreichen. Ziehen Sie sanft und gleichmäßig an der Leine und belohnen Sie den Gegenzug, den der Welpe in fast allen Fällen spontan aufbringt. Lassen Sie dann die Leine wieder locker und lösen Sie die Übung mit dem Straßen-Überquerungskommando auf.

Gleichmäßiger sanfter Zug führt zu Gegenzug. Nutzen Sie das aus, um aktives Sträuben belohnen zu können.

Erlebniskarte 7: VERKEHRSERZIEHUNG

E7

Den Hund im Straßenverkehr sicher führen zu können ist zum Schutz Ihres Tieres und anderer Verkehrsteilnehmer wichtig. Legen Sie darauf von Anfang an viel Wert.

Sitzt der Hund so brav am Bordstein, ist das eine Belohnung wert.

SITZ als Sperre einbauen

Wann immer Sie eine Straße überqueren: Lassen Sie den Welpen an der Bordsteinkante SITZ machen, auch wenn der Bordstein nur ganz flach oder lediglich farblich abgesetzt ist oder die Ampel gerade auf grün wechselt, oder, oder, oder... Nur absolute Konsequenz führt zu einem hohen Trainingsniveau und somit zu guter Sicherheit.

Lösen Sie die SITZ-Übung an der Straße immer erst in dem Moment auf, wenn Sie die Straße überqueren. Führen Sie zum Überqueren der Straße ein neues Kommando ein, z.B. SCHNELL.

Achten Sie darauf, dass sich der Welpe nach Ihren Regeln richtet und lassen Sie nirgendwo eine Ausnahme zu.

Das müssen Sie mitnehmen:

- Leine
- Leckerchen
- eventuell Spielzeug
- eventuell Kot-Tüten

Tipp!

Ziel der Übung ist, dass der Hund eine hohe Hemmschwelle aufbaut, ohne Kommando auf die Straße zu laufen. Dazu ist es wichtig, dass Sie mit Hilfe der Leine strikt verhindern, dass der Welpe jemals die Straße betritt, ohne vorher gesessen zu haben.

Positive Emotionen wecken

Mit Autos, Bussen, LKWs und Straßenbahnen, Zügen, Motorrädern, Mopeds, Fahrrädern etc. kann man vom Bürgersteig aus eine gute Emotionstrainingsübung machen (→Lernkarte 12). Neben der allgemeinen Positivverknüpfung lernt der Welpe so auch gleich, Fahrzeuge nicht als **Pseudobeute** einzuordnen und zu verfolgen.

Ungewohnte Dinge

Nutzen Sie alle Möglichkeiten die Ihnen der Straßenverkehr für das Training mit Ihrem Welpen bietet. Lassen Sie ihn dort auch **ungewohnte und laute Dinge** erleben wie Baulärm, das Ankommen und Abfahren eines Zuges, das Laufen neben einem Müllauto etc. Gehen Sie mit Ihrem Hund über Treppen, Brücken, durch Unterführungen oder in den U-Bahn-Bahnhof, um ihm immer wieder etwas Neues zu bieten.

Spannendes erleben

Unternehmen Sie auch Fahrten mit außergewöhnlichen Verkehrsmitteln, z.B. einem Schiff oder einer Fähre, setzen Sie den Hund in einen Fahrradanhänger o.Ä. Sollten **Stresssymptome** auftreten, müssen Sie die Übung häufiger in noch einfacheren Schritten üben (→Erlebniskarte 7).

Auch eine Baustelle ist eine Möglichkeit, den Welpen mit den Reizen des Straßenverkehrs vertraut zu machen.

Tipp!

Setzen Sie Ihren Welpen bei Fahrten mit öffentlichen Verkehrsmitteln zwischen Ihre Beine auf den Boden. Dort ist er nicht im Weg und die Gefahr ist gering, dass er von Mitreisenden versehentlich getreten wird.

Erlebniskarte 6: VERKEHRSSITUATIONEN

Laute Verkehrsgeräusche können beim Welpen Angst auslösen. Führen Sie ihn deshalb zur Gewöhnung nur schrittweise an laute Straßen heran.

Zwischen Ihren Beinen sitzt der Welpe sicher und unter Ihrer Kontrolle.

Das müssen Sie mitnehmen:

- Leine
- Leckerchen
- Spielzeug
- eventuell Kot-Tüten

Langsam heranführen

Testen Sie behutsam aus, wie Ihr Welpe sich in ruhigem und belebterem Verkehr verhält. Gehen Sie langsam vor und nähern Sie sich nur schrittweise Hauptverkehrsstraßen an. Erst wenn Sie sich sicher sind, dass Ihr Welpe keine Angst empfindet, sollten Sie den nächsten Schritt einleiten. Wenn Ihr Welpe Unsicherheit erkennen lässt, ist ein Emotionstraining (siehe Rückseite) sinnvoll.

Wichtig!

Trösten Sie Ihren Welpen nicht, wenn er sich fürchtet, sondern verhalten Sie sich neutral und vergrößern Sie den Abstand zur Angst auslösenden Situation (→ **Infokarte 11**).

Ängsten vorbeugen

Nutzen Sie unterwegs alle Gelegenheiten, um Ihren Welpen mit Dingen bekannt zu machen, die er in seinem **täglichen Umfeld** nicht oder nur selten erlebt. Hunde, die auf dem Land leben, sollten beispielsweise auch an das Treiben in der Stadt herangeführt werden, damit sie nicht überfordert sind, wenn sie dieser Situation später einmal ausgesetzt werden. Jetzt haben Sie die Möglichkeit, den jungen Hund mit allen erdenklichen Reizen vertraut zu machen.

Die Gelegenheit nutzen

An **öffentlichen Plätzen** haben Sie eine gute Chance, auch Dinge wie das Laufen über Metallgitter, Gittertreppen, das Fahren mit (gläsernen) Aufzügen, das Gehen durch Schwingtüren oder breite und manuell zu betätigende Drehtüren, automatische Schiebetüren oder Ähnliches zu üben. Solche Dinge sind für ein reibungsloses Zusammenleben mit einem Hund in der Stadt wichtig. Achten Sie bei diesen Unternehmungen aber immer auf die **Sicherheit des Hundes**, denn es kann sein, dass der Welpe „blockiert", sich sträubt und wieder zurückgeht – rechnen Sie auch mit dem Unerwarteten. Dies darf z.B. auch in einer Drehtür keine Gefahr darstellen!

Teamwork

Berücksichtigen Sie in turbulenten Situationen den größeren Ablenkungsgrad. Oft sind anfangs mehr Hilfen nötig. Steuern Sie, dass die Anforderung stets nur so hoch ist, dass der Welpe die Übung problemlos umsetzen kann.

Tipp!

Die Futterbegeisterung ist ein guter Indikator dafür, wie hoch das Stressempfinden des Welpen ist. Sollte er schmackhafte Futterstückchen ungewohnt hektisch und schnappig fressen oder aber ganz verschmähen, obwohl er länger nichts gefressen hat, ist die Übung für den Hund zu schwierig und er ist im Stress (→ Infokarte 11).

Erlebniskarte 5: TRUBEL

E5

Unternehmen Sie Übungsausflüge zum Flughafen, Bahnhof, in Restaurants, Kneipen oder Läden. Fahren Sie mit Bus und Bahn und gehen Sie auf einen Flohmarkt oder eine Kirmes.

Am Flughafen ist das SITZ zugleich Generalisierungstraining und Umweltabenteuer.

In kleinen Schritten

Um den Welpen in diesen schwierigen Situationen aber nicht zu überfordern ist es wichtig, dass Sie schrittweise vorgehen. Lassen Sie dem Welpen Zeit, sich in aller Ruhe an das bunte Treiben zu gewöhnen und bleiben Sie zunächst abseits stehen. Nähern Sie sich etwas weiter an, wenn Sie merken, dass Ihr Welpe entspannt ist.

ACHTUNG: Verringern Sie den Übungsanspruch, wenn Ihr Hund **Stresssymptome** zeigt (siehe Tipp auf der Rückseite) oder unsicher ist. Vergrößern Sie dann beispielsweise die Entfernung zu den Dingen, die ihm Stress oder Angst bereiten. Lassen Sie ihn beim nächsten Mal in einer noch etwas größeren Entfernung Spaß haben. Wiederholen Sie diese Übung häufig, bis Ihr Hund dort wirklich entspannt ist. Steigern Sie erst dann wieder den Schwierigkeitsgrad über die Ablenkung bzw. Nähe zum Geschehen.

Das müssen Sie mitnehmen:

- Leine
- Leckerchen
- eventuell Spielzeug
- eventuell Kot-Tüten
- eventuell eine Liegedecke

Tipps für Haushalte mit zwei oder mehr Hunden

Welpen orientieren sich meist mehr an ihresgleichen als am Menschen. In Haushalten mit mehreren Hunden empfiehlt es sich deshalb, täglich für einige Zeit drinnen und draußen **„Welpentrainings“** durchzuführen. Dabei sollten der oder die anderen (erwachsenen) Hunde nicht anwesend sein, um eine ausreichende Bindung des Welpen an den Menschen zu gewährleisten. Bedenken Sie, dass die Artgenossen weder die Bindung zum Menschen festigen noch die Erziehungsarbeit im Hinblick auf Kommandos übernehmen können. Sich ohne den Rückhalt der anderen in der Familie lebenden Hunde den Umweltabenteuern zu stellen, ist für Welpen aus Gruppenhaltung sehr wichtig.

Das müssen Sie mitnehmen:

- Leckerchen
- Spielzeug
- eventuell Leine
- eventuell Kot-Tüten

Die Mutter bringt den Welpen soziale Regeln bei. Im Umgang mit anderen Hunden wird das Sozialverhalten weiter geschult.

Wichtig!
Wenn Sie zwei oder mehr Welpen gleichzeitig großziehen, gilt Ähnliches. Schaffen Sie immer wieder Phasen, in denen Sie mit jedem Welpen einzeln üben, spielen und Abenteuer erleben. Nur so können Sie eine feste persönliche Bindung aufbauen und Klüngeleien unter den Geschwistern verhindern. Die Konzentrationsfähigkeit in Lernsituationen ist sonst erheblich eingeschränkt.

Erlebniskarte 4: HUNDE II

E4

Hund ist nicht gleich Hund. Erhebliche Unterschiede gibt es nicht nur in Bezug auf Größe und Aussehen, sondern auch im Verhalten.

Rassegruppen

Die nachfolgend als Beispiele aufgeführten **Rassegruppen** gehören zu unterschiedlichen Hundetypen, die sich nicht nur in Farbe und Beschaffenheit des Fells, Größe und Körperform, sondern auch in ihrem Ausdrucks- und Spielverhalten erheblich voneinander unterscheiden:

- Hüte-, Treib- und Sennenhunde
- Vorstehhunde
- Stöberhunde
- Dachshunde
- Apportier-, Wasser-, Lauf- und Schweißhunde
- Terrier
- Molosser
- Spitze
- Windhunde
- Pinscher, Schnauzer
- Herdenschutzhunde
- Gesellschafts- und Begleithunde

Hundesprache

Je mehr unterschiedliche „Hundetypen" Ihr Welpe kennen lernt, desto besser wird er in der Lage sein, die **Feinheiten der Hundesprache** zu lesen und zu deuten. In Abhängigkeit seiner eigenen Veranlagung wird er Spieltypen finden, die ihm besonders liegen und andere, die er als eher fremd empfindet. Enge Hundefreundschaften entstehen natürlich nicht zwischen allen Hunden. Hier spielen auch ganz persönliche individuelle Vorlieben eine Rolle. Für eine allumfassende Sozialisation ist es aber wichtig, dass der Welpe lernt, mit allen unterschiedlichen Hundetypen möglichst gut **kommunizieren zu können**. Dies ist der sicherste Weg, um später Probleme mit Artgenossen zu verhindern.

Achtung!

Obwohl in und um eine Tierarztpraxis herum viele Artgenossen anzutreffen sind, sollten Hundekontakte dort möglichst vermieden werden. Die Gefahr, dass Ihr Welpe sich bei einem kranken Hund ansteckt oder einer der Patienten aufgrund von Schmerzen oder Unwohlsein aggressiv auf die Annäherungen des Welpen reagiert, ist zu groß!

E3 HUNDE I: Positive Kontakte

Angemessener Umgang

Lassen Sie sich in rüpeligen Kontakten mit Artgenossen von den anderen Besitzern nicht mit Sprüchen wie „Da muss der durch!" o.Ä. abspeisen! Um einen reichen Erfahrungsschatz und eine **positive Basis** für das spätere Leben zu sammeln, muss Ihr Welpe **keine** schlechten Erfahrungen mit Artgenossen machen oder gar als Prellbock oder Mobbingopfer herhalten. Brechen Sie den Kontakt ab, wenn Sie merken, dass die anderen Hunde zu wild, zu rüpelig oder gar aggressiv mit dem Welpen umgehen. Wie Sie Ihren Hund aus einer Spielsituation heraus positiv „verhaften" können, ist auf →Lernkarte 9 beschrieben.

Je mehr, desto besser

Falsche Vorsicht ist aber auch nicht geboten, denn die Devise lautet: **Viel hilft viel**. Immer nur die gleichen Nachbarshunde oder Spielfreunde aus der Welpengruppe zu treffen, ist für eine wirklich gute Sozialisation nicht ausreichend! Suchen Sie zum Spaziergang Stellen auf, wo Sie vielen Hunden begegnen. Denn dort trifft man meist auch viele nette Hunde, die für Kontakte gut geeignet sind.

Flüchtige Begegnungen

Üben Sie auch, an Artgenossen vorbeizugehen, ohne zu toben! In diesen Momenten sollten Sie sich für den Hund unter Hilfe der Lieblingsbelohnung besonders interessant darstellen.

Achtung!

Im Spiel mit Artgenossen werden auch immer einmal wieder aggressive Verhaltensweisen umgesetzt, ohne dass dies der Hundefreundschaft einen Abbruch tut. Als Faustregel gilt: Kurze Streitigkeiten in Spielsituationen sind kein Problem, solange beide Parteien danach bereitwillig weiterspielen und **kein ängstliches Verhalten** an den Tag legen. Ein ausgewogenes Hundespiel ist dadurch gekennzeichnet, dass die Rollen von Jäger und Gejagtem immer wieder wechseln, die Tiere übertriebene Bewegungen und Mimik einsetzen und eine lockere Muskulatur haben.

Erlebniskarte 3: HUNDE I

E3

Häufige Kontakte mit vielen freundlichen Vertretern unterschiedlicher Rassen sind die Basis einer guten Sozialisation.

Spielen ist die schönste Art zu lernen.

Dackel, Dogge, Dobermann...

Durch die Rassevielfalt ist „Hund nicht mehr gleich Hund“: Ausdrucksverhalten, innerartliche Kommunikationsmöglichkeiten und auch das Spielverhalten der verschiedenen Hundetypen unterscheiden sich erheblich.

Welpenspielgruppen

Die Teilnahme an einer Welpengruppe (➔Infokarte 16), bei der alle Rassen zugelassen sind, ist für den Welpen eine gute Möglichkeit, verschiedene Hundetypen kennen zu lernen.

Hundekontakte unterwegs

Außerhalb einer Welpenspielgruppe treffen Sie mit Ihrem Welpen meist auf ältere Artgenossen. Achten Sie darauf, dass die „Kontakthunde“ freundlich mit Ihrem Welpen umgehen. Wenn der Welpe sehr wuselig ist und einen anderen Hund belästigt, darf ihn der erwachsene Hund ruhig in seine Schranken weisen. Er muss jedoch sehr gut sozialisiert sein, ein fein abgestuftes Sozialverhalten beherrschen und über eine gute **Beißhemmung** (➔Infokarte 3) verfügen. Fragen Sie deswegen vorher den anderen Hundehalter, ob sein Hund Welpen mag. Manche Hunde kommen mit einem fremden Welpen nicht gut klar – sie sind dann keine geeigneten Kontaktpartner!

Das müssen Sie mitnehmen:

- eventuell die Leine
- Leckerchen
- Spielzeug

MENSCHEN II: Positive Kontakte

Unterschiedliche Erwachsene

Ermöglichen Sie Ihrem Welpen **häufige Kontakte** mit den verschiedensten Erwachsenen, etwa zu Männern und Frauen verschiedenen Alters, unterschiedlicher Größe, Haut- und Haarfarbe. Diese Kontaktübungen lassen sich z.B. auch gut mit einem Restaurantbesuch oder anderen Unternehmungen kombinieren.

„Verkleidete" Menschen

Zeigen Sie Ihrem Welpen, dass Menschen ganz **unterschiedlich aussehen** können. Lassen Sie ihn dabei sein, wenn ein Motorradfahrer seinen Helm aufsetzt, konfrontieren Sie ihn mit Personen mit Hüten, Regenschirmen, Taschen, weiten Mänteln, dunkler Kleidung, etc.
Oftmals versetzen besonders Menschen in Uniform Hunde in Aufregung. Suchen Sie deswegen Orte auf (Polizeistation, Müllabfuhr etc.), wo Ihnen verschiedene Menschen in gleicher Arbeitskleidung begegnen.

Jogger und Co.

Sportler erwecken durch die **schnellen Bewegungen** häufig das Interesse des Hundes, trainieren Sie deswegen die Emotionsübung (→ Lernkarte 12) mit Radfahrern, Joggern, Skatern u.a. Lassen Sie Ihren Welpen aber auch andere seltsame Bewegungsabläufe kennen lernen, z.B. Gymnastik oder Dehnübungen, Rückwärtslaufen, Seitwärtslaufen, etc.

Liegende Menschen

Führen Sie die Emotionstrainingsübung (→ Lernkarte 12) mit liegenden Menschen durch (im Winter kann dies auch in der Wohnung geübt werden). Vermitteln Sie Ihrem Welpen, dass es für das **Nicht-Hinrennen** einen Belohnungs-Jackpot von Ihnen gibt. So haben Sie auch im Sommer Ruhe, wenn Sie beim Spaziergang auf Picknickgruppen oder „Sonnenanbeter" treffen.

Wichtig!

Wenn Ihr Welpe schon aufgeschlossen auf all diese Menschen reagiert, sollten Sie Begegnungen auch in der Dämmerung oder Dunkelheit herbeiführen, da dies für den Welpen wieder eine neue Situation ist!

Erlebniskarte 2: MENSCHEN II

E2

Eine direkte Begegnung mit Menschen ist im Alltag natürlich nicht immer möglich, aber für eine gute Gewöhnung auch nicht immer nötig.

Unheimliche Begegnung

Kinder verschiedener Altersgruppen

Als Faustregel gilt: Lassen Sie Kontakt immer zu, wenn es geht! Achten Sie darauf, dass Ihr Welpe sich in der Nähe von Menschen immer wohl fühlt. Postieren Sie sich mit dem Welpen z.B. in der Nähe eines Kindergartens, einer Schule oder eines Spielplatzes. Fragen Sie die Eltern, ob die Kinder zu Ihnen kommen dürfen. Achten Sie darauf, dass Ihr Hund nicht von einer ganzen Horde Kinder bedrängt und dabei überfordert wird. Lassen Sie die Kinder einzeln zu Ihnen herantreten und Kontakt mit dem Welpen aufnehmen.

Alte Menschen und Menschen mit Gehhilfen

Warten Sie in der Nähe eines Seniorenheims oder Krankenhauses auf Kontakte mit hundefreundlichen Menschen. Führen Sie gegebenenfalls die Übungen „Emotionstraining" und das „Nicht-Anspringen" (→ **Lernkarte 12** und → **Erlebniskarte 13**) durch, besonders wenn der Hund Menschen mit Gehhilfen, ungewöhnlichen Bewegungen, in Rollstühlen usw. kennen lernt.

Das müssen Sie mitnehmen:

- Leine
- Leckerchen
- Spielzeug
- eventuell Kot-Tüten

MENSCHEN I: Situationen

Welpenpartys

Feiern Sie während der Welpenphase zu Hause Partys, dann kann Ihr Welpe gleichzeitig viele Menschen und lustigen Trubel kennen lernen. Wenn er beim Läuten der Türklingel nicht bellen soll, können Sie ihm immer direkt nach dem Klingeln ein größeres Leckerchen geben, denn Bellen und Schlucken geht nicht gleichzeitig. Ihre Gäste sollten den Welpen weder anfassen noch anschauen wenn er sie anspringt – gestreichelt wird nur, wer gut geerdet ist und brav mit allen Vieren auf dem Boden steht. Insgesamt sollte gar nicht viel Aufhebens um den Welpen gemacht werden, denn ihm soll ja vermittelt werden, wie selbstverständlich eine größere Menschengruppe ist.

Auf Achse

Nehmen Sie den Welpen häufig und zu verschiedenen Erledigungen und Treffen mit, auch wenn dort viele Menschen sind und die Situation turbulent wird. Sie müssen dabei aber immer auf das Stressniveau Ihres Welpen achten: Wenn Sie Angst oder Stress erkennen (→ **Infokarte 11**), gilt es die Situation sofort anzupassen und ein Spezialtraining umzusetzen (→ **Infokarte 12**).

Ins Getümmel stürzen

Führen Sie, besonders wenn Sie ländlich wohnen, den Welpen an Menschengetümmel heran. Unternehmen Sie Abenteuerausflüge zu einem Flughafen, Bahnhof oder in ein Einkaufszentrum. Lassen Sie kontrollierte Kontakte des Welpen mit Passanten zu und nutzen Sie die Begegnungen für die Nicht-Anspringen-Übungen.

Nicht-Anspringen lernen

Halten Sie dem Welpen ein tolles Leckerchen so vor die Nase, dass sein Interesse daran geweckt ist. Ziehen Sie es dann vor seiner Nase nach unten, bis er (wieder) steht. Lassen Sie ihn, wenn er möchte, nun Kontakt mit der Person aufnehmen. Solang er aufgeschlossen und angstfrei ist, darf er gestreichelt werden. Setzen Sie während dieser Kontakte das Leckerchen ein, um den Hund bei Laune und mit allen Füßen auf dem Boden zu halten (→ **Infokarte 8**). Beenden Sie diese Übung, indem Sie kurz mit dem Welpen rennen oder er von Ihnen ein besonderes Leckerchen für einen konzentrierten Blickkontakt erhält. So bleiben Sie trotz all der netten Kontakte die Nummer eins.

Erlebniskarte 1: MENSCHEN I

E1

Durch viele positive Kontakte wird das Vertrauen des Welpen zum Menschen gefestigt. Je mehr Menschen er kennen lernt, desto besser.

So lernt der Welpe Kinder kennen, ohne sich bedroht zu fühlen.

Beziehungskisten steuern

Meist schließen Welpen ihre Menschenfamilie schnell ins Herz. Sie reagieren oft prompt und aufmerksam auf Ansprache. Verlassen Sie sich aber nicht darauf, dass dies immer so bleibt: In der Jugendphase des Hundes kann das anders aussehen!

Eine gute Bindung zum erwachsenen Hund muss vom Welpenalter an sorgsam aufgebaut werden. Nutzen Sie diese intensive Anfangsbindung auch für das Rückruftraining (→ **Lernkarte 7**).

Nette Leute

Lassen Sie Ihren Welpen täglich möglichst viele positive Kontakte zu fremden Menschen herstellen, damit er sich auch später in Situationen mit ihm unbekannten Personen ungestresst und neutral-freundlich verhalten kann. Zu Menschen, die Ihr Welpe in einer angenehmen Atmosphäre kennen lernt, stellt er meist schnell Vertrauen her.

Das müssen Sie mitnehmen:

- Leine
- Leckerchen
- Spielzeug
- eventuell Kot-Tüten

Tipp!

Nutzen Sie Kontakte mit anderen Menschen auch gleich für die Nicht-Anspringen-Übungen und für spezielle Berührungsübungen, dann ist er für verschiedenste Alltagssituationen bestens gewappnet (→ **Erlebniskarte 13**).

A10 Aktivkarte 10: Verleiten, Verhaften, Restaurant

1 Führen Sie den Welpen angeleint an etwas heran, das er **nicht fressen darf** (z.B. Müll, eine Schale mit Pommes oder andere Dinge am Wegesrand). Sichern Sie ihn so mit der Leine, dass er sich nicht auf das Verleitungsobjekt stürzen und es auch nicht mit den Vorderpfoten erreichen kann. Bleiben Sie ruhig neben Ihrem Welpen stehen und warten Sie darauf, dass er Sie anschaut. Belohnen Sie diesen Blickkontakt mit einem kleinen Stück eines besonders attraktiven Leckerchens, gehen Sie dann mit dem Welpen von dem Verleitungsobjekt weg. Prämieren Sie **freiwilliges Folgen** mit einer angemessenen Belohnung. Zum Spannungsabbau eignet sich hier anschließend besonders eine Spielzeugbelohnung.

2 Nähern Sie sich Ihrem Welpen, wenn er mit etwas sehr Interessantem beschäftigt ist und „**verhaften**" Sie ihn (→Lernkarte 9), indem Sie ihm etwas Unwiderstehliches in Aussicht stellen (Lieblingsfutter oder -spielzeug). Belohnen Sie ihn mit dem Lockmittel, wenn er Ihnen einige Schritte gefolgt ist und entlassen Sie ihn dann wieder in die Freizeit.

3 Nehmen Sie Ihren Welpen mit in ein Restaurant, lassen Sie ihn auf einer ihm vertrauten mitgebrachten Liegedecke Platz machen und belohnen Sie ihn. Schenken Sie Ihrem Welpen während des Aufenthalts im Restaurant vor allem dann Beachtung, wenn er artig liegt. Ignorieren Sie strikt jede Form von Wuseligkeit. Sichern Sie ihn bei Bedarf mit der Leine (→Aktivkarte 6). **Achtung:** Sollte er aus Unsicherheit heraus unruhig sein, ist es besser, die Übung abzubrechen. Schrauben Sie dann den Grad der Ablenkungen im Restaurant herunter und starten Sie an einem anderen Tag einen neuen Versuch.

Aktivkarte 10: Selbstkontrolle, Aus, Korrekturwort A10

1 Wiederholen Sie die Selbstkontrolle-Übung, die auf der →Aktivkarte 6 beschrieben ist, und lassen Sie den Welpen diesmal **15 bis 20 Minuten** ohne weitere Beachtung liegen, bevor Sie die Übung auflösen.

2 Wiederholen Sie die AUS-Übung am **Fressnapf**, die auf →Aktivkarte 8 beschrieben ist.

3 Wiederholen Sie in verschiedenen Räumen die Übungen SITZ und PLATZ (auch in umgekehrter Reihenfolge) und lassen Sie als Ablenkung im Hintergrund **Elektrogeräte** (Fernseher, Fön, Mixer, Staubsauger, Radio, Rasierapparat etc.) laufen.

4 Wiederholen Sie die Aufmerksamkeitsübung mit Kommando (→Aktivkarte 9). Geben Sie dem Welpen diesmal die Belohnung aber nur, wenn er tatsächlich zu Ihnen geschaut hat, wenn Sie das Kommando sagen. Halten Sie für diese erste echte Aufmerksamkeitsübung mit Kommando den Grad der **Umgebungsablenkung** gering und setzen Sie eine sehr attraktive Belohnung ein.

5 Üben Sie das **Korrekturwort**, wie es auf der →Infokarte 9 beschrieben ist.

A9 Aktivkarte 9: Leine, Menschen, Böden

1 Setzen Sie sich an einer Bus- oder Bahnhaltestelle auf eine Bank und lassen Sie Ihren Welpen zwischen Ihren Beinen SITZ oder bei längerem Warten PLATZ machen. Belohnen Sie ihn immer wieder in unregelmäßigen Zeitabständen, aber möglichst bevor er einen Fehler macht und die Position eigenständig aufgibt. Fixieren Sie den Welpen auf sich, wenn schließlich der Bus bzw. die Bahn kommt und die Menschen aus- und einsteigen (→Lernkarte 12). Lassen Sie den Welpen das Treiben **beobachten**, wenn er ruhig und entspannt ist. Lenken Sie seine Konzentration auf ein Leckerchen um, bevor er zappelig wird. Das heißt: geben Sie ihm häufig sehr leckere, aber sehr kleine Belohnungshäppchen. Lösen Sie die Übung auf, wenn der Personenansturm vorbei ist und üben Sie beim Weggehen die Leinenführigkeitsübung.

2 Gehen Sie mit dem Welpen in Bereiche (z.B. in der Innenstadt, in Restaurants, Einkaufspassagen oder U-Bahnhöfen), wo Sie **Böden** mit unterschiedlicher Beschaffenheit vorfinden. Üben Sie dort die Leinenführigkeit und wiederholen Sie auf den verschiedenen Böden die Übungen SITZ und PLATZ. Halten Sie solche Übungen zeitlich recht kurz, denn sonst sind durch Konzentrationsschwächen Qualitätseinbußen bei der Leinenführigkeit vorprogrammiert.

3 Trainieren Sie die Übung „Verhaften aus einer Spielsituation“, wie es auf →Lernkarte 9 beschrieben ist.

Aktivkarte 9: Aufmerksamkeit, Tierarzt, Bleib A9

1 Vermitteln Sie dem Welpen ein positives **Aufmerksamkeitssignal** (z.B. GUCK MAL). Sagen Sie dazu das Kommando und stecken Sie ihm ein kleines, sehr leckeres Häppchen zu. Wiederholen Sie dies 10 bis 15 Mal hintereinander. Da der Hund zunächst nur mit dem Kommando vertraut gemacht werden soll, ist es noch nicht erforderlich, dass er dabei immer Blickkontakt aufnimmt. Halten Sie für eine optimale Verknüpfung die Zeit zwischen Kommando und Belohnung unter einer Sekunde!

2 Lassen Sie den Welpen auf einem Übungshandtuch (→Erlebniskarte 15) SITZ machen und fassen Sie **jeden Körperteil** des Hundes an. Geben Sie ihm zwischendurch immer wieder eine Belohnung, wenn er die Prozedur geduldig über sich ergehen lässt. Öffnen Sie ihm mit einer Hand die Schnauze und legen Sie mit der anderen ein Leckerchen ins Maul. Lösen Sie die „Tierarzt"-Übung auf und räumen Sie das Handtuch weg.

3 Lassen Sie den Welpen PLATZ machen und belohnen Sie ihn. Stellen Sie sich aufrecht hin und belohnen Sie ihn erneut. Wiederholen Sie das Kommando PLATZ (oder PLATZ und BLEIB →Lernkarte 6) und **entfernen** Sie sich einen Schritt. Gehen Sie direkt danach den Schritt wieder nach vorne und belohnen Sie den Welpen in der PLATZ-Position. Wiederholen Sie diese Übung mit zwei, drei und wieder nur einem einzigen Schritt Entfernung.

Aktivkarte 8: Aus, Sitz, Platz

A8

1 Lassen Sie Ihren Welpen aus dem **Napf** etwa die halbe Portion fressen. Unterbrechen Sie ihn dann mit dem Kommando AUS und nehmen Sie ihm den Napf weg. Füllen Sie ein oder zwei kleine Stükkchen eines besonders attraktiven Leckerchens in den Napf und stellen Sie ihn dem Welpen sofort wieder hin. Sollte Ihr Hund bei dieser Übung unwillig reagieren, wiederholen Sie die Prozedur in leicht veränderter Form: Stellen Sie dem Welpen den Napf nicht zur freien Verfügung auf den Boden, sondern halten Sie ihn die ganze Zeit mit beiden Händen fest, um ihn dem Hund leichter entziehen zu können.

2 Rufen Sie den Welpen aus einem anderen Raum zu sich heran und belohnen Sie ein promptes **Kommen** mit einer Qualitätsbelohnung.

3 Verlangen Sie SITZ und leinen Sie den Welpen an. Führen Sie ihn nun angeleint in **jedes Zimmer** der Wohnung und trainieren Sie auf allen unterschiedlichen Bodenstrukturen einmal die PLATZ-Übung. Belohnen Sie den Welpen stets für braves Mitarbeiten und lösen Sie die Übung immer mit Kommando auf, bevor Sie ihn in das nächste Zimmer führen.

4 Lassen Sie den Hund für **eine Minute** SITZ machen. Belohnen Sie ihn während dieser Zeit ruhig mehrmals. So motivieren Sie ihn, artig sitzen zu bleiben. Lösen Sie dann die Übung auf.

A8 Aktivkarte 8: Leine, Rückruf, Abtrocknen

1 Laufen Sie mit dem angeleinten Hund einmal die Straße entlang und zurück. Achten Sie darauf, dass der Welpe gut leinenführig ist, und belohnen Sie jedes aufmerksame **Hochschauen** zu Ihnen. Leinen Sie ihn, wenn es die Situation erlaubt, nach einer SITZ-Übung ab und belohnen Sie ihn, während er noch sitzt. Lösen Sie die Übung auf und spielen Sie zur Auflockerung mit ihm – intensive Konzentration bei Ablenkung ist sehr anstrengend!

2 Rufen Sie den Welpen aus dem Freilauf zu sich heran, wenn Sie sich sicher sind, dass er auf Ihr Signal reagiert, z.B. wenn keine starken Ablenkungen vorhanden sind. Warten Sie im Zweifelsfall ab, bis Ihr Welpe Blickkontakt aufnimmt. **Belohnen** Sie promptes Kommen mit einem besonderen Leckerchen oder einem tollen Spiel!

3 Verlangen Sie SITZ und leinen Sie den Welpen an. Führen Sie ihn angeleint an ein ihm noch **unbekanntes Zielobjekt** heran (z.B. eine Mülltonne, eine Telefonzelle, einen Baumstamm, ein Blumenbeet etc.). Dort angekommen, lassen Sie den Hund PLATZ machen. Belohnen Sie ihn für braves Mitarbeiten und lösen Sie die Übung auf.

Fehler vermeiden:
Schrauben Sie den Schwierigkeitsgrad herunter, wenn Sie Angst beim Hund erkennen können (→Infokarte 11).

4 Üben Sie das Abtrocknen beim Heimkehren vom Spaziergang. Halten Sie diese Gewöhnungsübung aber so kurz, dass Ihr Welpe nicht die Lust verliert und scheu wird. Trainieren Sie dies auch bei guter Wetterlage – es werden andere Tage kommen...

Aktivkarte 7: Sitz, Platz, Konzentration A7

1 Rufen Sie den Welpen aus einem anderen Raum zu sich heran und geben Sie ihm eine besondere Belohnung. Führen Sie ihn nun in jeden Raum der Wohnung und lassen Sie ihn in **jedem Zimmer** bzw. auf jedem andersartigen Bodenuntergrund (Fliesen, Teppich, Dielen) einmal SITZ machen. Belohnen Sie ihn für ein gutes Gelingen und lösen Sie die Übung stets mit Kommando auf, bevor Sie gemeinsam den nächsten Bodenuntergrund ansteuern.

2 Passen Sie den Moment der Fütterung ab und lassen Sie den Welpen, bevor Sie ihm den Napf hinstellen, SITZ machen. Sichern Sie ihn ggf. vorher mit der Leine, so dass er sich nicht einfach auf das Futter stürzen kann. Bleiben Sie, wenn Sie den Napf abgesetzt haben, neben dem Welpen stehen und warten Sie auf einen Moment, in dem Ihr Welpe Sie anschaut. Belohnen Sie diesen **Blickkontakt** mit einer sehr schmackhaften Belohnung. Lösen Sie dann die SITZ-Übung auf, damit der Welpe seine Mahlzeit einnehmen kann.

3 Lassen Sie den Welpen die PLATZ-Übung ohne Lock-Leckerchen machen. Stellen Sie sich aufrecht hin und belohnen Sie den Hund nach ca. zehn Sekunden. Verlangen Sie nun SITZ. Helfen Sie ggf. mit Locken, denn **aus dem Liegen** ins SITZ zu gelangen ist neu. Konzentrieren Sie Ihren Welpen dann, 30 Sekunden lang sitzen zu bleiben. Belohnen Sie ihn und lösen Sie danach die Übung auf.

A7 Aktivkarte 7: Auto, Sitz, Platz

1 Üben Sie die PLATZ-Übung mit dem Welpen **im Auto** dort, wo er auch später beim Fahren liegen soll. Bauen Sie, wenn die Grundübung gut gelingt, Ablenkungen ein, wie das Öffnen und Schließen der Autotüren. Sichern Sie den Welpen mit der Leine, um ein Herausschlüpfen beim Öffnen der Tür zu verhindern. Belohnen Sie ihn mit einer attraktiven Belohnung, wenn er trotz der Ablenkungen liegen bleibt. (**Achtung**: Die Leine muss so kurz gehalten werden, dass der Hund nicht bis zum Rand der Tür gelangen kann!)

2 Konzentrieren Sie den Welpen **im Auto** auf die SITZ-Übung und lassen Sie ihn erst nach ausdrücklicher Aufforderung aussteigen. Wiederholen Sie dicht beim Auto noch einmal die SITZ-Übung. Führen Sie ihn nun angeleint ein paar Meter an Ihrer Seite, um die Leinenführigkeit zu schulen. Kehren Sie zum Auto zurück, lassen Sie ihn wieder SITZ machen. Belohnen Sie ihn, öffnen Sie die Tür, belohnen Sie den Welpen nochmals, wenn er immer noch sitzt, und fordern Sie ihn auf ins Auto zu steigen. Helfen Sie ihm dabei, wenn das notwendig ist. Ermuntern Sie ihn dann, auf seinem Platz im Auto PLATZ zu machen und belohnen Sie ihn. Wiederholen Sie gegebenenfalls den Start, wenn Sie einen Spaziergang anschließen wollen.

3 Trainieren Sie auf drei verschiedenen **Bodenuntergrundflächen** die Übungen SITZ und PLATZ. Halten Sie den Hund in der jeweiligen Position für ca. 30 Sekunden konzentriert.

A6 Aktivkarte 6: Emotionstraining, Aus

Draußen

1 Suchen Sie mit dem Welpen einen Ort auf, an dem viele Sportler trainieren und nutzen Sie diese Ablenkung für das **Emotionstraining** (→Lernkarte 12). Halten Sie den Hund anfangs immer an der Leine, damit sich keine Fehler während der Übung einschleichen. Setzen Sie außerdem extrem leckere Futterstückchen ein, damit Sie besonders interessant für Ihren Welpen sind.

2 Ermuntern Sie Ihren Welpen, SITZ zu machen. Lenken Sie ihn mit leichten **Armbewegungen** ab. Belohnen Sie ihn, wenn er trotz der Ablenkung sitzen geblieben ist. Lösen Sie nun die Übung auf.

3 Spielen Sie mit dem Welpen mit einem Spielzeug, das ihn sehr interessiert. **Tauschen** Sie dieses Spielzeug nun mehrmals unter dem Kommando AUS gegen ein sehr schmackhaftes Leckerchen (z.B. ein Stückchen gekochtes Hühnchenfleisch). Stecken Sie das Spielzeug nach etwa vier AUS-Übungen schließlich weg, so dass er es nicht mehr sehen kann. Ignorieren Sie den Welpen, falls er weiter um das versteckte Spielzeug herumscharwenzelt oder lenken Sie ihn auf eine Konzentrationsübung um, z.B. die zuletzt beschriebene SITZ-Übung mit Ablenkung.

Fehler vermeiden:

Gerade beim Training unter Ablenkung gilt: Machen Sie sich interessant für Ihren Welpen! Belohnen Sie ihn, wenn er sich auf Sie konzentriert, und beenden Sie die Übung dann rechtzeitig, bevor seine Konzentration nachlässt.

Aktivkarte 6: Sitz, Platz, Ruheübung A6

Drinnen

1 Üben Sie mit dem Welpen SITZ und führen Sie leichte **Ablenkungen** ein. Heben Sie z.B. die Arme in die Höhe oder trippeln Sie mit den Füßen auf der Stelle. Achten Sie bei dieser Übung darauf, dass Sie den Welpen häufig und in relativ kurzen Zeitabständen belohnen, wenn er trotz Ihrer Ablenkungen sitzen bleibt.

2 Wiederholen Sie diese Übung nun mit dem Kommando PLATZ.

3 Führen Sie die folgende **Ruheübung** durch, wenn Sie selbst eine „Pause" einlegen wollen. Rufen Sie Ihren Welpen zu sich heran und belohnen Sie sein Kommen mit einem besonderen Leckerchen. Leinen Sie ihn an und führen Sie ihn dorthin, wo Sie es sich gemütlich machen möchten. Setzen Sie sich z.B. in einen Sessel, lassen Sie den Welpen dann dicht an Ihren Füßen PLATZ machen und belohnen Sie ihn. Stellen Sie nun einen Fuß so auf die Leine, dass genug Spielraum bleibt, damit der Welpe bequem liegen, aber nicht aufstehen kann. Widmen Sie sich nun z.B. dem Fernseher oder einem Buch und ignorieren Sie den Welpen, auch wenn er unwillig zappelt. Lösen Sie die Übung – wenn Ihr Welpe Ruhe gefunden hat – nach ca. zehn Minuten auf und leinen Sie ihn ab. Diese Übung dient der **Selbstkontrolle** (→Lernkarte 13).

Tipp!

Anfangs fällt diese Übung zur Selbstkontrolle dem Welpen leichter, wenn er sowieso müde ist – nutzen Sie dies aus.

A5 Aktivkarte 5: Platz, Rückruf, Leine

1 Festigen Sie die PLATZ-Übung, indem Sie den Welpen mit Futter in die PLATZ-Position locken, während er steht. Wiederholen Sie die Übung dann ohne Lockleckerchen und geben Sie ihm, wenn er liegt, umgehend seine Lieblingsbelohnung. Lösen Sie dann die Übung auf.

2 Üben Sie mit Ihrem Welpen, wenn er Freilauf hat, die **Rückrufübung**. Passen Sie hierzu geduldig die Momente ab, in denen er sich spontan zu Ihnen umschaut. Animieren Sie ihn, noch schneller zu Ihnen zu kommen, indem Sie in die Hocke gehen oder rückwärts ein paar Schritte laufen und sich dann hinhocken. Belohnen Sie ihn sofort mit einem besonderen Leckerchen, wenn er bei Ihnen angekommen ist. Setzen Sie in dieser Übung anfangs das Rückrufsignal wirklich nur dann ein, wenn der Welpe Sie schon anschaut. Aus einer Ablenkungssituation heraus direkt auf das Signal zu reagieren ist etwas für Fortgeschrittene!

Fehler vermeiden:
Benutzen Sie das Signal für den Rückruf anfangs immer nur, wenn Ihr Welpe schon auf dem Weg zu Ihnen ist!

3 Lassen Sie den Welpen SITZ machen und leinen Sie ihn an. Trainieren Sie für ca. 50 Meter die **Leinenführigkeitsübung** und wiederholen Sie dann die SITZ-Übung. Belohnen Sie den Welpen, während er noch sitzt, leinen Sie ihn ab und lösen Sie die Übung auf.

Aktivkarte 5: Rückruf, Sitz, Platz, Aus A5

1 Rufen Sie den Welpen mit seinem Namen und mit dem **Rückrufkommando** zu sich heran und belohnen Sie ihn mit einem besonderen Leckerchen. Leinen Sie ihn nun an (→Lernkarte 10) und gehen Sie mit dem angeleinten Hund einmal durch die ganze Wohnung. Achten Sie darauf, dass der Welpe sich ganz auf Sie konzentriert und belohnen Sie jedes aufmerksame **Hochschauen** zu Ihnen. Leinen Sie den Welpen nach einer SITZ-Übung ohne Lockleckerchen wieder ab, belohnen Sie ihn, während er noch sitzt, und lösen Sie dann die Übung auf.

2 Lassen Sie den Welpen PLATZ machen und halten Sie ihn für ca. 20 Sekunden in dieser Position unter **Konzentration**. Belohnen Sie ihn und lösen Sie die Übung auf.

3 Passen Sie einen Moment ab, in dem der Welpe sich selbständig mit einem Spielzeug oder Kauknochen beschäftigt. Gehen Sie zu ihm und zeigen Sie ihm ein unwiderstehliches Leckerchen als **Tauschobjekt**. Nehmen Sie ihm dann sein Spielzeug oder seinen Kauknochen mit dem Kommando AUS weg, lassen Sie es hinter Ihrem Rücken verschwinden und legen Sie ihm zeitgleich die versprochene Tausch-Belohnung hin. Warten Sie, bis Ihr Hund die Belohnung gefressen hat und geben Sie ihm dann das Objekt zurück, das er vorher hatte.

A4 Aktivkarte 4: Leinenführigkeit, Sitz, Platz

1 Üben Sie mit dem Welpen die Leinenführigkeit in einer belebten Straße. Seien Sie stets zur Stelle, wenn andere Personen Kontakt zu Ihrem Welpen aufnehmen wollen. Nutzen Sie diese Chance gleichzeitig, um den Welpen mit anderen Personen vertraut zu machen und für das Nicht-Anspringen-Training. Sie haben dafür die Übungsvarianten „ignorieren", „sichern durch die Leine" (→Infokarte 8) oder „ablenken" zur Wahl. Je nachdem, wie kooperativ die hundefreundlichen Passanten und Trainingspartner sind, ist die eine oder die andere Variante einfacher oder sinnvoller umzusetzen. Achten Sie darauf, dass Ihr Welpe in diesen **Kontaktübungen** stets fröhlich bleibt.

Fehler vermeiden:

Bekommt der Welpe in Kontakten mit fremden Menschen Angst, sollten Sie die Situation abbrechen und auf einfacherem Niveau (z.B. mehr Distanz zu den Personen) und mit einer Qualitätsbelohnung noch einmal üben (→Infokarte 11).

2 Wiederholen Sie an einer **belebten Straße** die Übungen SITZ und PLATZ mit der Hilfe, die der Welpe zur perfekten und prompten Umsetzung dieser Aufgaben braucht.

3 Belohnen Sie den Welpen, wenn er **Blickkontakt** zu Ihnen aufnimmt. Wiederholen Sie diese Übung fünfmal an verschiedenen Orten.

Aktivkarte 4: Aus, Sitz, Bleiben A4

Drinnen

1 Geben Sie dem Welpen auf seinem Schlaflager ein attraktives Kaustängelchen. Tauschen Sie es mehrmals unter dem Kommando AUS gegen ein kleines aber schmackhaftes Leckerchen (z.B. ein Stück gekochtes Hühnchenfleisch) aus. Lassen Sie den Welpen nach etwa vier Wiederholungen der AUS-Übung schließlich in Ruhe das Kaustängelchen auffressen.

2 Lassen Sie den Welpen auf einem glatten und kühlen Bodenuntergrund (z.B. Kunststoffboden, **Fliesen**) SITZ machen und halten Sie ihn für ca. 20 Sekunden in dieser Position unter Konzentration. Belohnen Sie ihn und lösen Sie die Übung auf.

3 Rufen Sie den Welpen zu seinem Schlafplatz. Dort angekommen, gibt es eine Qualitätsbelohnung. Lassen Sie ihn auf dem Schlafplatz ohne Lockleckerchen PLATZ machen und belohnen Sie ihn, während er liegt. Legen Sie dem Welpen ein weiteres Leckerchen **zwischen seine Vorderbeine**, damit er es im Liegen fressen kann und stellen Sie sich aufrecht vor ihn hin. Bleibt er liegen, legen Sie ein weiteres Leckerchen zwischen seine Vorderfüße. Ist er aufgestanden, wiederholen Sie die Übung mit einem Futterstückchen, an dem er so lange zu knabbern hat, dass Sie es schaffen, sich einmal aufrecht vor ihn hinzustellen. Wiederholen Sie diese Übung (der Welpe liegt, Sie stellen sich aufrecht vor ihn hin) ca. vier Mal und lösen Sie dann die Übung auf.

A3 Aktivkarte 3: Rückruf, Platz, Anschauen

1 Führen Sie mit Hilfe einer weiteren Person die Übung „Rückruf mit Anreizen“ (→Lernkarte 8) durch. Wenn Sie mit anderen Familienmitgliedern üben, sollten alle an dieser Übung beteiligt werden. Bei noch kleinen Kindern kann ein Erwachsener im Hintergrund parat stehen und notfalls unterstützend eingreifen. Das **Anreizen**, das Rufen und die Verteilung der Belohnung darf aber ruhig vom Kind durchgeführt werden, wenn es schon die Technik der Leckerchenvergabe (→Foto Infokarte 15) beherrscht.

2 Lassen Sie den Welpen aus dem Stand heraus PLATZ machen, indem Sie ihm Futter oder Spielzeug in Aussicht stellen, wie im Übungsaufbau beschrieben (→Lernkarte 4). Achten Sie darauf, dass der Welpe die Belohnung noch **während des Liegens** bekommt und lösen Sie dann die Übung auf. Sollte es kalt oder nass und der Welpe mit dieser Übung noch nicht vertraut sein, wiederholen Sie statt PLATZ die SITZ-Übung ohne Lockleckerchen.

3 Üben Sie das **konzentrierte Anschauen** (→Lernkarte 1) und belohnen Sie Ihren Welpen mit einer Qualitätsbelohnung, wenn er Blickkontakt zu Ihnen aufnimmt, ohne dass Sie ihn locken mussten. Während er die Belohnung bekommt, können Sie zur Bindungsstärkung seinen **Namen** sagen oder das Rückrufsignal aussprechen, das erinnert ihn daran, dass es in Ihrer Nähe immer etwas Tolles gibt.

Aktivkarte 3: Sitz, Platz, Hundebox A3

1 Führen Sie den Welpen zu seinem **Schlaflager** (oder zu seiner Hundebox) und trainieren Sie dort die Übungen SITZ und anschließend PLATZ. Geben Sie die Hilfe, die es zur perfekten und prompten Umsetzung dieser Übungen braucht.

2 Erinnern Sie den Welpen an die PLATZ-Übung, indem Sie ihn **aus dem Stand** heraus mit Futter in die PLATZ-Position locken. Wiederholen Sie die Übung dann ohne Lockleckerchen in der Hand und belohnen Sie ihn, wenn er liegt, umgehend mit seiner Lieblingsbelohnung. Lösen Sie die Übung danach auf.

3 Leinen Sie den Welpen an und führen Sie ihn an der Leine einmal durch den Raum und dann auf sein Schlaflager (bzw. zur Hundebox). Lassen Sie ihn dort SITZ machen und leinen Sie ihn ab. Belohnen Sie ihn, während er noch sitzt, und zeigen Sie ihm, dass er sich noch mehr Belohnungen verdienen kann. Stellen Sie sich nun frontal zum sitzenden Welpen hin, drehen Sie sich dann einmal um die eigene Achse und belohnen Sie den Welpen, wenn er **trotz der Ablenkung** sitzen geblieben ist. Lösen Sie anschließend die Übung auf.

Fehler vermeiden:

Gewöhnen Sie Ihren Welpen von Anfang an daran, dass die Übungen erst beendet sind, wenn Sie das **Auflösungswort** sagen – und nicht, sobald das Leckerchen verschluckt ist!

A2 Aktivkarte 2: Sitz, Aus, Konzentration

Draußen

1 Locken Sie Ihren Welpen mit einem Spielzeug oder Leckerchen ganz dicht an Ihre Beine. Befindet er sich ganz nah bei Ihnen, geben Sie das Kommando SITZ. Leinen Sie ihn dann ab und **spielen Sie** mit ihm, wenn es die Situation erlaubt. Spielen Sie andernfalls mit dem angeleinten Hund, achten Sie aber darauf, dass er sich mehr für das Spielzeug als für die Leine interessiert. Sie können das gut mit einem attraktiven Spielzeug steuern, das Sie unvorhergesehen bewegen. Achten Sie darauf, dass die Spielerregung nicht zu hoch wird.

2 Üben Sie aus dem Spiel heraus das AUS-Kommando über ein **Tauschgeschäft** (→Lernkarte 5), wenn der Welpe fest am Spielzeug zieht. Lassen Sie das ertauschte Spielzeug aus seinem Blickfeld verschwinden und geben Sie für das ordentliche Hergeben des Spielzeugs das in Aussicht gestellte Tauschobjekt als Belohnung.

3 Führen Sie die SITZ-Übung auf drei **verschiedenen Bodenflächen** (z.B. Asphalt, Wiese, Laub) durch. Setzen Sie die Hilfe ein, die nötig ist, dass Ihr Welpe die Übung freudig und prompt ausführt. Da Ablenkungen draußen größer sind, brauchen Sie zur Konzentrationsbindung vermutlich mehr Lockhilfe als drinnen. Wiederholen Sie die Übung dann einmal ohne und danach abschließend einmal mit Lokkhilfe. Bei guter Ausführung ohne Lockhilfe sollte der Welpe eine Qualitätsbelohnung bekommen.

Aktivkarte 2: Sitz, Aus, Platz

A2

Drinnen

1 Locken Sie den Welpen mit einem Spielzeug oder Leckerchen ganz dicht vor Ihre Beine. Befindet er sich direkt vor Ihnen, lassen Sie ihn SITZ machen. Belohnen Sie ihn dann und spielen Sie mit ihm. Achten Sie darauf, dass die Spielerregung (→Infokarte 13) nicht zu hoch kocht und er nicht zu wild wird.

2 Wenn der Welpe gerade fest an dem Spielzeug zieht, üben Sie aus dem Spiel heraus das Kommando AUS über ein **Tauschgeschäft** (→Lernkarte 5). Lassen Sie das ertauschte Spielzeug aus dem Blickfeld des Welpen verschwinden, um ein Nachschnappen zu vermeiden. Geben Sie ihm für das ordentliche AUS-geben das Tauschobjekt (Lockmittel) als Belohnung.

3 Lassen Sie den Welpen **aus dem Stand** heraus PLATZ machen, indem Sie ihm Futter oder Spielzeug als Belohnung in Aussicht stellen, wie es im Übungsaufbau (→Lernkarte 4) beschrieben ist. Achten Sie darauf, dass der Welpe die Belohnung bekommt, während er noch liegt, und lösen Sie dann die Übung auf.

4 Wiederholen Sie die PLATZ-Übung in einem anderen Raum.

Fehler vermeiden:

Überfordern Sie Ihren Welpen nicht! Wenn eine Übung noch nicht klappt, gehen Sie einen Schritt zurück und üben Sie wieder unter einfacheren Rahmenbedingungen.

A1 Aktivkarte 1: Sitz, Platz, Leinenführigkeit

Draußen

1 Trainieren Sie den Übungsaufbau des Kommandos SITZ (→Lernkarte 3) mit dem angeleinten Welpen auf dem **Gehweg** direkt vor der Haustür. Vermeiden Sie dabei Ablenkungen und geben Sie Hilfestellung mit einem Lockleckerchen. Belohnen Sie den Welpen und lösen Sie dann die Übung auf.

2 Lassen Sie dem Welpen nun ein wenig Zeit, sich die Umgebung anzuschauen. Geben Sie ihm genügend Leinenspielraum, damit kein Zug auf der Leine entsteht, falls er interessiert losläuft. Wenn Sie ihn bremsen müssen (weil er z.B. zu nah an die Bordsteinkante herantritt), bleiben Sie kommentarlos stehen, halten die Leine so kurz, dass keine Gefahr von der Straße droht, und warten, bis sich Ihr Welpe Ihnen **zuwendet**. Belohnen Sie diese Reaktion mit einem Qualitätsleckerchen. Schließen Sie die Grundübung zur Leinenführigkeit an (→Lernkarte 10), wenn der Welpe sich ausreichend orientiert oder Sie angeschaut hat. Führen Sie ihn dazu mit einer in Aussicht gestellten Belohnung an Ihrer Seite. Nehmen Sie sich anfangs hierfür nur eine recht **kurze Wegstrecke** vor.

3 Verlangen Sie wieder die SITZ-Übung vom Hund und halten Sie ihn für 15 Sekunden unter **Dauerkonzentration**. Es ist erlaubt, während dieser Zeitspanne viele – aber sehr kleine – Belohnungshäppchen einzusetzen. Lösen Sie dann die Übung auf.

Aktivkarte 1: Sitz, Leinenführigkeit A1

Drinnen

1 Üben Sie den Übungsaufbau des Kommandos SITZ (→Lernkarte 3) ohne Ablenkung im Wohnzimmer. Unterstützen Sie den Welpen mit einem Lockleckerchen. Belohnen Sie den Welpen und lösen Sie dann die Übung auf (→Lernkarte 3).

2 Wiederholen Sie die Übung einmal ohne Leckerchen in der Hand. Gönnen Sie dem Hund eine tolle Belohnung, wenn er die Übung gut absolviert hat. Lösen Sie dann die Übung auf.

3 Legen Sie dem Welpen die Leine an und führen Sie ihn in ein anderes Zimmer. Achten Sie bei der Umsetzung der Übung auf eine gute Leinenführigkeit (→Lernkarte 10).

4 Lassen Sie den Welpen auch in diesem Raum wieder SITZ machen. Geben Sie ihm die Hilfe, die er für ein gutes Gelingen braucht. Belohnen Sie ihn und locken Sie ihn dann aus dem Sitzen heraus in die PLATZ-Position. Belohnen Sie ihn und lösen Sie dann die Übung auf.

Fehler vermeiden:

Achten Sie bei den Sitz- und Platzübungen immer darauf, dass der Welpe die Belohnung bekommt, **während** er noch sitzt oder liegt! Nur dann verknüpft er seine Handlung richtig mit der Belohnung.

So wird's gemacht

Auf den folgenden Aktivkarten finden Sie Anregungen, wie einzelne Übungseinheiten aussehen können. Diese Abläufe dienen Ihnen als **Leitfaden** für das Training.

→ Verändern Sie die dargestellten Abläufe nach Ihren Bedürfnissen, Möglichkeiten und dem **Trainingsstand** Ihres Welpen.

→ Leben mehrere Personen in Ihrem Haushalt, die Kontakt mit dem Welpen haben, ist der Trainingserfolg am größten, wenn **alle Familienmitglieder** die Aktivkarten mit dem Welpen umsetzen. Es ist hierbei nicht erforderlich, dass alle Familienmitglieder immer auf demselben Trainingstand mit dem Welpen sind.

→ Da von Karte zu Karte eine leichte Steigerung der Schwierigkeit eingebaut ist, nutzen Sie die Aktivkarten optimal, wenn Sie sie zunächst in der **nummerierten Reihenfolge** trainieren. Auch nach mehreren Durchgängen wird das Arbeiten mit den Karten keinesfalls langweilig. Verändern Sie beim zweiten oder weiteren Durchgängen der Aktivkarten jeweils ein Detail (z.B. die Zeitdauer der Übung oder den Grad der Umweltablenkung) und spielen Sie alles noch mal von vorne durch.

→ Führen Sie ein Trainingstagebuch!
So bleiben Sie optimal am Ball.

Förderung im Alltag durch Schule, Spaß und Abenteuer

Streuen Sie Übungseinheiten, Umweltabenteuer und Spiele mit dem Welpen über den ganzen Tag verteilt ein. Häufige, aber kurze „Trainingseinheiten" sind für Welpen wegen ihrer nur kurzen Konzentrationsfähigkeit ideal und ermöglichen schnelles Lernen.

Unterstützung anbieten

Geben Sie dem Welpen in neuen Situationen und Übungen so viel Hilfestellung, wie er zur perfekten Umsetzung der Anforderung braucht. Achten Sie bei den Wiederholungen der Übungen aber auch darauf, schrittweise die Hilfe wieder abzubauen.
In Momenten schlechter Konzentration, bei großer Ablenkung oder bei neuen Übungen sollen und dürfen Hilfen immer eingesetzt werden. Das erhöht die Wahrscheinlichkeit, dass sich der Welpe richtig verhält und Spaß an der Übung hat.

Belohnung für Leistung

Um später ein hohes Lernziel zu erreichen ist es sinnvoll, den Hund in sehr einfachen Situationen frühzeitig von Lockmitteln, die als Hilfe eingesetzt werden, auf eine echte Arbeitssituation umzustellen. Er erhält dann die Belohnungen in Form einer „Bezahlung" erst nach vollendeter Arbeit, also nach der richtigen Umsetzung der Übung (→Infokarte 1).

Tipp!

Steigern Sie erst dann den Schwierigkeitsgrad der Übung, wenn der Welpe über mehrere hundert Wiederholungen auf einfachem Übungsniveau viel Sicherheit bei der Umsetzung der Übung gewonnen hat.